COURS

DE

TENUE DE LIVRES

EN PARTIE DOUBLE.

DE L'IMPRIMERIE DE L.-T. CELLOT

RUE DU COLOMBIER, N° 30.

COURS

DE

TENUE DE LIVRES

EN PARTIE DOUBLE,

DANS LEQUEL

LES MON COMPTE, ET LES COMPTES A DEMI SUR DOUBLES COLONNES, LE JOURNAL,
L'INVENTAIRE, ETC., SONT EXPLIQUÉS D'UNE MANIÈRE TOUTE NOUVELLE;

PAR ÉDOUARD COURTET.

A PARIS,

CHEZ TOURNACHON-MOLIN ET H. SEGUIN, LIBRAIRES,
RUE DE SAVOIE N° 6, F. S.-G.;
ET DANS LEUR ENTREPÔT DE LIBRAIRIE,
RUE SAINTE-ANNE, N° 16.

1821.

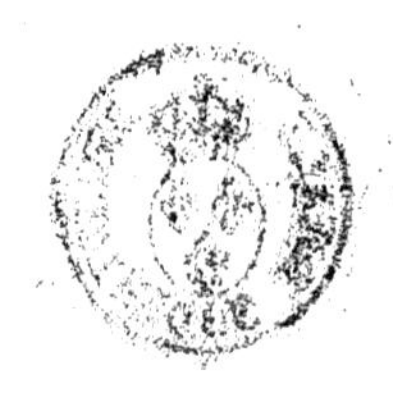

PRÉFACE.

———

Ce Traité diffère de ceux qui ont paru, et par le plan, et par les explications.

Je ne dirai point ici pourquoi je me suis écarté du sentier battu : j'en donne les raisons à la fin de ce volume : là, seulement, je pouvais les exposer dans tout leur jour.

Au reste, l'art de tenir les Livres me paraît susceptible d'une démonstration rigoureuse. C'est par les idées premières que l'on peut juger de la précision avec laquelle une science peut être traitée ; et quoi de plus clair que l'idée qu'on se fait d'un compte ! Un centime ne rend-il pas débiteur ? un centime ne rend-il pas créditeur ? et si l'on a donné autant qu'on a reçu, le compte n'est-il pas soldé ?

L'objet auquel je me suis particulièrement attaché, a été de mettre la tenue des Livres à la portée des jeunes gens. C'est pour y parvenir que j'ai composé l'Introduction, que j'ai accolé les tableaux aux raisonnemens, et que j'ai mis des titres à toutes les colonnes, afin que les explications fussent plus claires, et qu'on n'eût pas à chercher d'une extrémité du livre à l'autre.

Presqu'entièrement opposé à M. Dégrange, je m'empresse de reconnaître combien son Traité renferme de préceptes judicieux, de vues utiles. J'ai réfuté également plusieurs passages d'un ouvrage plein de pensées, intitulé : *l'Esprit de la tenue des Livres.* Mon but n'a été que de chercher la précision. Si l'on trouve que j'ai éclairci quelques points; si j'ai suivi une route nouvelle, c'est le sort de tous ceux qui écrivent les derniers sur de semblables sujets : éclairés par leurs devanciers, ils évitent quelques écueils, et servent, par leurs tentatives, à en faire éviter.

ERRATA.

Page 11 et 25, dans la 4ᵉ colonne, au débit, *lisez :* folios des créditeurs, *au lieu de* folios des débiteurs.
Page 16, ligne 18, *lisez :* 1,210, *au lieu de* 1,100.
Page 22, ligne 27, *lisez :* compte à tiers, *au lieu de* compte à un tiers.
Page 76, ligne 1ʳᵉ, *lisez :* il faut, *au lieu de* il faudrait.

INTRODUCTION.

A CHETER, vendre, ou échanger par motif de gain, c'est ce qui s'appelle *commercer*.

Si j'achète de Valentin 3o caisses d'oranges 1,200 fr., je lui donnerai en paiement, ou des espèces, ou mon billet, ou moitié l'un, moitié l'autre.

Si je vends à Anselme cinq balles d'amandes 1,ooo fr., il me paiera avec son billet, avec de l'argent, ou avec l'un et avec l'autre. Mais l'effet que j'ai donné à Valentin, est un effet que j'ai *à payer*, et celui qu'Anselme m'a remis, je l'ai *à recevoir* : si je l'avais eu, lors de mon achat, j'aurais pu le donner à compte des caisses d'oranges ; je puis donc payer mes achats, non-seulement avec des espèces et des effets à payer, mais avec des effets à recevoir ; j'aurais pu donner de la marchandise, alors nous aurions fait un troc.

Supposons Valentin à Nantes.

S'il m'envoie, pour son compte, dix ballots de cochenille, et que je les vende 5,ooo f. je prélèverai une commission de deux pour cent, soit 100

et pour lui payer les. . . . . 4,9oo f. restans, j'acquitterai les traites qu'il fera ou fera faire sur moi, je lui enverrai des espèces, des effets à recevoir, ou de mes billets qui seront des effets que j'aurai à payer ; je l'autoriserai à fournir (1) sur un de mes correspondans, Paul de Marseille, par exemple ; ou bien je lui ferai faire des remises par ce correspondant ; mais dans ce dernier cas, je change seulement de créancier.

Si d'ordre et pour compte de Valentin, j'achète 5o kilogrammes de safran. 6,ooo f. j'ajouterai ma commission de 2 $\frac{u}{o}$, soit. 120

et pour me rembourser des. . . . . 6,120 f. je tirerai sur lui ou sur les personnes qu'il m'indiquera, je lui manderai de m'envoyer

---

(1) Fournir, se prévaloir, se rembourser, tirer, disposer, sont des expressions dont on se sert la plupart du temps comme synonymes, pour dire qu'on a fait des traites, des mandats, des billets à domicile. Traites, billets et mandats, sont encore des synonymes en tenue de livres, et se confondent dans la dénomination générale :

b

des espèces ou des effets, de remettre cette somme pour mon compte à un tiers. ou j'autoriserai ce tiers à tirer sur lui ; mais alors je change seulement de débiteur.

Valentin peut acheter et vendre de la marchandise pour moi.

S'il en achetait, il ajouterait sa commission au montant de l'achat, et se rembourserait de la même manière que pour les 4,900 fr.

S'il en vendait, il déduirait sa commission du produit de la vente, et le remboursement aurait lieu comme pour les 6,120 fr.

Effets. Enfin, ces effets sont à payer ou à recevoir, suivant que le négociant les a à encaisser ou à payer.

Le simple billet porte :

Au vingt avril prochain, je paierai à Monsieur Victor, ou à son ordre, la somme de mille francs, valeur reçue en marchandises. Paris, ce 10 janvier 1816.

Jules,

rue, etc.

Jules, qui est ici ce qu'on appelle *souscripteur*, est le créancier de Victor pour les 1,000 fr. qu'il s'engage à lui payer, et Victor est son débiteur.

Le billet à domicile porte :

Au vingt avril prochain, je paierai à Monsieur Victor, ou à son ordre, la somme de mille francs, valeur reçue en marchandises. Paris, ce 10 janvier 1816.

Jules,

à mon domicile, chez Monsieur Paul, rue, etc.

à Lyon.

Paul est ici ce qu'on appelle : *payeur à domicile.*

La traite, ou lettre de change, est ainsi conçue :

Paris, ce 10 janvier 1816. B. P. F. 1,000.

Au vingt avril prochain, payez par cette première de change à Monsieur Victor, ou à son ordre, la somme de mille francs, valeur reçue, et que passerez suivant l'avis de *Jules,*

à Monsieur

Paul, rue, etc.

à Lyon.

Nota. Tous les mots soulignés sont susceptibles d'être changés.

Jules prend ici le nom de *tireur*, et Paul, celui de *tiré*. Si Paul avait mis sur la traite : *accepté pour mille francs*, avec sa signature, il s'appellerait *accepteur*.

Dans la traite, et dans le billet à domicile, Paul est, comme on voit, le créancier de Jules, et Jules est son débiteur : Jules, à son tour, est le créancier de Victor, et Victor est son débiteur.

Le mandat ne diffère de la traite que par cette expression : *Il vous plaira de payer contre le présent mandat,* que l'on met à la place de : *payez par cette première de change.*

Ces effets, traites, billets et mandats, passent d'un propriétaire à un autre, par la voie de l'endossement, c'est-à-dire,

Chaque nation a ses poids, ses mesures, sa monnaie. Si mon correspondant habitait Naples, les sommes qu'il donnerait et recevrait pour moi, étant en ducats, les traites que je ferais, ou que je ferais faire sur lui, devraient être en ducats. S'il habitait la Hollande, je les stipulerais en florins ; l'Angleterre, en livres sterling, etc.

Mais je n'expédie de la marchandise à Nantes que pour la vendre plus cher qu'à Paris ; de même Valentin n'envoie de la marchandise à Paris que pour la placer mieux qu'à Nantes. Ces opérations que nous avons faites chacun pour notre compte, nous aurions pu les faire de moitié : on peut en faire à trois personnes, à quatre, cinq, etc. ; mais il n'en résulte toujours que des changemens de débiteurs et de créanciers, des envois d'espèces, des effets à payer, des effets à recevoir, etc. Ces effets, créés d'abord pour faciliter le commerce, sont maintenant des objets de spéculation : ils sont au banquier ce que la marchandise est au négociant. Les banquiers en achètent donc, ils en vendent ; ils en reçoivent à vendre, à encaisser ; ils en envoient à vendre, à encaisser : en un mot, ce que nous avons dit relativement au négoce peut s'appliquer à la banque, du moins quant au fond.

Toutes les affaires de banque et de commerce se réduisent donc à des sommes données et reçues. Ces sommes se distinguent par les objets d'où elles proviennent, et par les personnes qui les reçoivent ou qui les donnent. Il y a sommes *espèces,* sommes *marchandises,* sommes *effets à payer,* sommes *effets à recevoir,* sommes *données et reçues par tels et tels,* enfin, celles provenant de *bénéfices et de pertes,* telles que les commissions, les magasinages, etc. (1). Mais un banquier doit pouvoir connaître à chaque instant l'état de ses affaires : il a donc à inscrire toutes ces sommes dans un ordre qui le mette à même de savoir les personnes qui lui doivent, combien chacun lui doit ; celles à qui il doit, ce qu'il doit à chacune, ainsi que les bénéfices et les pertes qu'il fait.

---

par la cession que l'on en fait ; laquelle cession donne le droit de les recevoir, et s'inscrit derrière chaque effet. Si, par exemple, Victor, qui est ici le porteur, met sur le dos de la traite : *Payez à l'ordre de Monsieur Félix, valeur en compte, Paris, ce,* etc., Félix sera le *porteur,* et Victor deviendra le *cédant.* Alors Paul ne paiera plus à Victor, il paiera à Félix, et ainsi pour chaque nouveau possesseur. J'ajouterai que Victor étant le créancier de Félix, Félix est son débiteur.

Ces effets servent directement à acquitter les sommes qui peuvent être dues d'une ville à une autre. Si, par exemple, Georges de Paris envoie pour 1,500 fr. de marchandises à Paul de Lyon ; et Félix de Lyon, pour 1,500 fr. de marchandises à Victor de Paris : Paul de Lyon doit à Georges de Paris, et Victor de Paris doit à Félix de Lyon. Or, si Georges fait une traite sur Paul, il se rembourse de ce que ce dernier lui doit en la négociant, par exemple, à Victor qui lui en paie le montant : Victor, en la remettant à Félix, qui l'encaisse, s'acquitte envers ce dernier ; et Paul, en la payant, se libère avec Georges.

(1) Ce dénombrement ne peut rien avoir de fixe ; il dépend de la nature des opérations : je ne fais même ici qu'indiquer des genres.

De cette nécessité de classer les affaires, est venue la tenue des Livres dite *en partie double*; mais, pour l'enfanter, les négocians n'ont eu qu'à suivre l'impulsion de leurs besoins : nous ferons donc comme eux. Bientôt nous verrons que cette méthode se réduit à un travail fait sur différens livres, travail que nous expliquerons ensuite, d'après les besoins que nous aurons découverts.

COURS

DE TENUE DE LIVRES

EN PARTIE DOUBLE.

CHAPITRE PREMIER.

Des besoins des négocians, et des comptes qui s'ensuivent.

Sı je vends et si j'achète à crédit, il faut que je me rappelle les noms des personnes, la marchandise que je livre, la marchandise que je reçois, les à-compte que je touche, ceux que je donne, etc. Or, comme ce serait un vrai dédale si j'inscrivais ces choses pêle-mêle, afin de savoir avec facilité ce que chacun me doit, et ce que je puis devoir, je note séparément les affaires de toutes les personnes avec lesquelles je suis en relation. Si, par exemple, je me lie d'intérêt avec Eugène, je lui consacre une ou plusieurs pages, que j'appelle *compte ;* je dispose ces pages ainsi :

DOIT			EUGÈNE, à Paris.			AVOIR
DATES.			SOMMES.	DATES.		SOMMES.

Je porte, au côté gauche, que je nomme *débit*, tout ce qu'Eugène me doit; au côté droit, que je nomme *crédit*, tout ce que je dois à Eugène. J'appelle *débiter*, porter au débit; *créditer*, porter au crédit. De *débit*, je fais aussi *débiteur*, synonyme de *celui qui reçoit*; de crédit, *créditeur*, synonyme de *celui qui donne*.

Donnant et recevant journellement des sommes, j'ai encore à m'assurer si ce qui reste chaque jour en caisse est bien ce qui doit rester ; j'intitule un compte :

DOIT			CAISSE.			AVOIR
DATES.			SOMMES.	DATES.		SOMMES.

et j'écris au débit toutes les sommes que j'encaisse; au crédit, toutes celles que je paie.

Pour connaître les bénéfices et les pertes, j'ouvre également un compte :

DOIVENT			PROFITS ET PERTES.			AVOIR
DATES.			SOMMES.	DATES.		SOMMES.

et je porte au débit les frais et les pertes que je fais ; au crédit, les bénéfices. Mais la comparaison de l'achat à la vente peut seule faire connaître le gain ou la perte subis sur les marchandises, et j'ouvre pour l'établir :

<table>
<tr><td>DOIVENT</td><td colspan="4">MARCHANDISES GÉNÉRALES.</td><td>AVOIR</td></tr>
<tr><td>DATES.</td><td></td><td>SOMMES</td><td>DATES.</td><td></td><td>SOMMES.</td></tr>
<tr><td></td><td></td><td></td><td></td><td></td><td></td></tr>
</table>

dont le débit sert aux achats, et le crédit aux ventes.

Alors j'ai quatre comptes : 1° caisse ; 2° profits et pertes ; 3° marchandises générales ; et 4° un pour les personnes. 1° Je n'en suppose qu'un, ce que j'en dirai devant être pris collectivement. 2° N'ouvrant des comptes aux personnes que pour savoir ce qu'elles doivent, ou ce qui leur est dû, je n'en ouvre *qu'à celles avec qui les affaires ne se terminent pas d'un jour à l'autre, c'est-à-dire, qu'à mes correspondans* (1). Si j'achète à

<table>
<tr><td>DOIT</td><td>DEVILAS.</td><td>AVOIR</td></tr>
<tr><td></td><td></td><td>1,200</td></tr>
</table>

Devilas, et à crédit, dix kilogrammes de safran 1,200 fr., je crédite Devilas de . .

<table>
<tr><td>DOIVENT</td><td>M^{SES} G^{LES}.</td><td>AVOIR</td></tr>
<tr><td>1,200</td><td></td><td></td></tr>
</table>

et débite Marchandises générales, de . . . .

Si j'achète comptant et paie de suite,

je débite Marchandises générales de.   1,200

<table>
<tr><td>DOIT</td><td>CAISSE.</td><td>AVOIR</td></tr>
<tr><td></td><td></td><td>1,200</td></tr>
</table>

et crédite la Caisse de . . . .

Ne débitant pas sans créditer, on voit que les débits doivent être égaux aux crédits, et que, par conséquent, tous les comptes sont justes lorsque cette égalité existe.

C'est, je crois, principalement pour conserver cette preuve qu'on ouvre des comptes aux effets à payer et aux effets à recevoir. Si j'achète de Gustave dix kilogrammes de cochenille 700 fr., et que je lui donne en paiement mon billet à trois mois, j'ai bien à noter ce que j'ai à payer ; mais pour connaître le bénéfice ou la

---

(1) En effet, si une marchande vend une caisse d'oranges comptant, elle mettra, par exemple : vendu une caisse d'oranges 3o fr. ; mais si elle vend à crédit, elle ajoutera le nom de la personne, et c'est de rigueur. Or, ce qui porte la marchande à faire cette distinction, c'est que l'affaire n'est pas terminée. Les banquiers ont aussi des affaires qu'ils ne terminent pas de suite ; et comme, en général, ils correspondent avec les personnes, ils les appellent leurs correspondans. Les correspondans seuls ont donc des comptes ; et les autres personnes n'en ayant pas, ne peuvent être ni débitées ni créditées.

DOIVENT M^{SES} G^{LES}. AVOIR

perte que je ferai sur cette marchandise, il faut que je débite Marchandises générale, ci 7ob

Ayant donc besoin d'un crédit, et ne pouvant
créditer, ni la caisse, puisque je n'ai point donné
d'argent, ni le vendeur, puisque je ne lui dois
rien,

j'ouvre un compte . . . . DOIV. EFFETS A PAYER. AVOIR

et je porte au crédit   700

Si, ce ballot de cochenille, je le vends à Siméon
800 fr., et qu'il me paie en son billet à trois mois,
j'ai également à noter ce que j'ai à recevoir; et,
sans pouvoir débiter ni la caisse ni l'acheteur, étant
obligé de créditer Marchandises générales, ci   800

J'ouvre encore un compte . . . . DOIV. EFFETS A RECEVOIR. AV.

et je porte au débit   800

Dans l'Introduction, nous avons vu que la tenue des livres se réduit principalement à un classement de sommes; dans ce chapitre, nous voyons que les comptes servent de cases; dans le suivant, nous examinerons le mouvement de tous ces comptes, ou plutôt comment les sommes sortent des uns pour entrer dans les autres. Je prie le lecteur d'être attentif.

CHAPITRE II.

Manière de se servir des comptes; observations ou règles qui en résultent : du Journal.

Vous savez que l'individu qui reçoit est *débiteur*, et celui qui donne, *créditeur*. Or le négociant, dans toute affaire, ne pouvant donner sans qu'une personne reçoive, ni recevoir sans qu'une personne donne, lorsqu'il est débiteur la personne est créditrice, débitrice lorsqu'il est créditeur.

Je me suppose banquier.

Si Jules tire sur moi 1,000 f., je dois le débiter et me créditer, puisque, lorsque je paierai cette traite, c'est lui qui recevra, et moi qui donnerai. Je le débite, parce que je n'ai besoin, pour porter les sommes à son compte, que de les connaître . . . .
mais je ne puis me créditer, puisque je suis représenté par le compte de Caisse, où je n'inscris que les sommes payées et encaissées ; par le compte de Profits et Pertes, où je ne porte que les bénéfices et les pertes : en attendant que je paie ces 1,000 fr., je les porte donc au crédit d'Effets à payer ; au crédit, parce qu'ils doivent aller à mon crédit ; à Effets à payer, parce que c'est un effet à payer. J'écris, pour conserver l'égalité . . . .

Lorsque j'acquitte cette traite, je puis la porter où elle doit aller, c'est-à-dire, à mon crédit ; je l'inscris donc au crédit de la Caisse, plus, au débit d'Effets à payer, pour l'annuler au crédit de ce compte, où elle n'a été mise que provisoirement . . . .

Il semblerait que la personne à qui je paie, devrait être débitée puisqu'elle reçoit ; mais elle ne doit pas l'être, parce que ce n'est pas pour elle que je paie. Si Georges m'écrivait : « d'ordre, et pour compte de M. Charles, je vous remets 1,500 fr., » ce serait Charles que je créditerais, car ce serait pour lui, et non pour Georges, que je recevrais les 1,500 fr. : ce sont donc les personnes *pour qui* je reçois les sommes, qui sont créditrices, et celles *pour qui* j'en donne, qui sont débitrices (1).

La traite une fois payée, Effets à payer ayant augmenté les crédits de ce qu'il avait augmenté les débits, est devenu inutile à la preuve, c'est-à-dire, au maintien de l'égalité ; et, puisque les sommes n'y sont qu'en attendant, nous l'appellerons *compte d'entrepôt*.

Effets à recevoir et Marchandises générales sont aussi des comptes d'entrepôt.

Si j'achète de Jules, à crédit, trois effets de 1,000 fr. pour 2,970 fr., je dois créditer Jules, qui devient mon correspondant . . . .
et, en attendant que je puisse me débiter, débiter Effets à recevoir . . . .

Si j'encaisse un de ces effets je puis le porter où il doit aller, c'est-à-dire à mon débit, je le porte donc au débit de la Caisse. . . . .

Plus, au crédit d'Effets à recevoir, pour l'annuler au débit où il n'est qu'entreposé . . . .

Si je vends un de ces effets à Siméon, et à crédit, 990 fr., je dois débiter Siméon et me créditer : je débite Siméon . . . .
mais ne pouvant me créditer, c'est-à-dire, créditer la Caisse, je crédite Effets à recevoir à la place . . . . . .

Effectivement, les effets ne sont à ce compte que jusqu'à ce qu'on les donne ; et soit qu'on les encaisse, soit qu'on les vende, on doit les en faire sortir.

Si je vends le troisième comptant, à Siméon, je dois : 1° pour l'effet que je donne, débiter Siméon, et, ne pouvant me créditer, créditer Effets à recevoir . . . .
2° pour l'argent que je reçois, débiter la Caisse, qui est mon compte, et créditer Siméon . . . .
Mais je puis éviter de débiter et de créditer Siméon qui, ayant payé son achat, ne doit rien ; si ma vente s'élève à 980 fr., je porte cette somme au débit de la Caisse et au crédit d'Effets à recevoir seulement. . . . . . .

C'est ce que font les banquiers, puisqu'ils n'ouvrent des comptes qu'à leurs correspondans ; dans toute écriture passée pour affaires faites avec des personnes non correspondantes, il y a donc ellipse.

Mêmes raisonnemens pour Marchandises générales.

Si j'achète de Jules une balle de coton 900 fr., je débite Marchandises générales, et crédite Jules de . . . .
si je vends cette balle comptant 1,100 fr., je crédite Marchandises générales et débite la Caisse de . . . .

Si je reçois une lettre de vous, le coût en peut être porté à votre débit, plus, à mon crédit, c'est-à-dire, au crédit de la Caisse ; mais je n'en finirais pas si, pour de semblables bagatelles, je faisais des articles ; je porterai donc les ports de lettres, seulement toutes les semaines ou tous les mois, au crédit de la Caisse . . . .
plus au débit de Profits et Pertes, pour remplacer les différentes personnes . . . .
Ensuite si, par exemple, je soldais votre compte, non-seulement je vous débiterais de vos ports de lettres . . .
mais j'en créditerais Profits et Pertes, pour les annuler au débit où ils seraient entreposés . . . .

---

(1) Ainsi, les parties soulignées du raisonnement ci-après, de M. Dégrange, me paraissent défectueuses :

« J'ai vendu pour 2,400 fr. de savon à Dupré, qui me donne en paiement un crédit de pareille somme sur Jauge de Lyon. » — « Je fournis de la marchandise, Marchandises générales doit être crédité : Dupré qui les reçoit, me donne un crédit sur Jauge ; *Dupré ne me doit donc plus la valeur de ces marchandises ; c'est Jauge qui doit me la payer, et qui par-là devient mon débiteur.* » Neuvième édition, page 25.

Si cela était, on pourrait forcer Jauge à accepter et à payer la traite ; mais on ne le peut pas, et l'on n'a vraiment de recours que

COMPTES DU BANQUIER 1°.				COMPTES D'ENTREPOT 2°.						COMPTES PERSONNELS.				
DOIT CAISSE	AVOIR	DOIV. PROFITS ET PERT.	AV.	DOIVENT Mses Gles	AVOIR	DOIV. EFFETS A PAYER	AV.	DOIV. EFF. A RECEVOIR	AV.	DOIT JULES	AVOIR	DOIT SIMEON	AVOIR	
										1,000 »				
							1,000 »							
	1,000					1,000 »								
								2,970 »			2,970 »			
1,000 »									1,000 »					
									990 »			990 »		
là et									là et				là.	là.
980 »									980 »					
1,100 »				900 »	1,100 »						900 »			
	là													
		là							ici.					
			là											

* 2° Caisse, Profits et Pertes, Marchandises générales, Effets à payer, Effets à recevoir, sont ordinairement compris sous la dénomination de comptes généraux ; mais j'ai été obligé de faire un changement à [la natur]e du système que j'ai suivi.

1*

Telle est la marche que l'on suit pour tous les frais, toutes les bonifications, ou choses équivalentes, que, pour ne pas multiplier les écritures, on ne porte pas de suite aux comptes personnels. Profits et Pertes est donc *compte d'entrepôt*; mais d'autre part, la somme de 1,100 fr., au débit de la Caisse pour la vente, n'étant pas pareille à celle de 900 fr. au crédit Jules pour l'achat, la preuve n'existerait pas, comme je le prétends, indépendamment des comptes d'entrepôt, si cette différence, qui est à Marchandises générales (différence du débit au crédit), et qui est bénéfice, ne devait être portée à Profits et Pertes : Profits et Pertes est donc *compte du banquier*. En effet, si, pour les soins donnés à vos affaires, je vous débite de 100 fr., je dois aussi m'en créditer ; je n'en puis créditer la Caisse, puisque je ne les donne pas ; mais j'en crédite Profits et Pertes, et, sans ce compte, où je puis les porter puisqu'ils sont bénéfice, je ne serais représenté qu'imparfaitement.

De tous ces exemples il suit : que le négociant et la personne étant le débiteur et le créditeur, lorsqu'une somme ne peut ou ne doit aller à l'un ou à l'autre, on la porte à un compte d'entrepôt. Je dis *» ne doit »* pour les correspondans, parce que, bien qu'en recevant leurs lettres, on en puisse porter les ports à leurs comptes, vous avez vu qu'on ne doit pas le faire : de même pour leurs traites lorsqu'on les paie, et leurs remises lorsqu'on les encaisse, puisque cela est déjà fait. Je dis donc : 1° que lorsqu'on ne peut ou ne doit porter une somme aux comptes du banquier, ou à celui de la personne, on la porte à un compte d'entrepôt; 2° que le nom de l'objet indique ce compte, et là où la somme doit aller, si c'est au débit ou au crédit qu'elle doit être portée ; par exemple, lorsque vous tirez sur moi, je ne puis inscrire votre traite au crédit de la Caisse, je l'inscris donc au crédit d'Effets à payer : au crédit, parce qu'elle doit aller à mon crédit ; à Effets à payer, parce que c'est un effet à payer.

3° Que lorsqu'on a à débiter et à créditer un compte, en même temps, et de la même somme, on s'abstient de le faire : ceci a besoin d'une restriction, mais je la ferai quand il sera temps.

4° Que les comptes se réduisent à trois espèces : ceux du banquier (Caisse et Profits et Pertes, ce dernier sert quelquefois d'entrepôt); ceux des correspondans; puis ceux d'entrepôt, qui, relativement à la preuve, n'ont d'autre but que de concourir momentanément à la faire exister.

Le livre où tous ces comptes sont ouverts, se nomme Grand-Livre(1). Les marchands, selon toute apparence, n'en avaient pas d'autre dans les commencemens ; alors, étant obligés de s'en servir à chaque affaire, la gêne qui en résultait, fut sans doute ce qui les porta à écrire leurs affaires premièrement sur un cahier; mais cette fois, ne les écrivant qu'afin de pouvoir les classer à volonté, c'était moins de les noter qu'ils avaient besoin, que d'indiquer ce qu'ils avaient à faire au Grand-Livre. Or, c'est ce que peu à peu ils finirent par faire le plus clairement et le plus simplement possible. Si je remets à Valentin, pour son compte, 1,000 fr. en espèces, je dois le débiter et me créditer ; je porte donc :

Valentin S/Cte doit à Caisse (2).

à lui remis . . . . 1,000 fr.

Ce cahier, ainsi tenu, se nomme Journal, parce que les affaires doivent y être écrites jour par jour ; mais avant d'entrer dans de plus grands détails sur la manière de le tenir, on trouvera bon que nous prenions une idée plus exacte du Grand-Livre.

On se sert encore de plusieurs autres livres, appelés *livres auxiliaires*, dont le but est de développer ce qui ne peut s'expliquer convenablement dans le Journal et dans le Grand-Livre, mais je ne ferai que les indiquer.

---

contre Dupré, qui est le véritable débiteur. La marchandise qu'on lui vend doit être portée à son débit ; la traite que l'on fait sur Jauge, à son crédit : cette traite doit même être ainsi terminée : *et que passerez au compte D, suivant l'avis de »*.

(1) Ce nom lui vient de la grandeur de son format; mais, puisqu'il n'est composé que de comptes, et que les comptes ne présentent que des situations, le nom de *situations* ou *situations générales* lui conviendrait mieux.

(2) En général, on retranche le mot *doit*, on met seulement : *Caisse à un tel, un tel à Caisse*, etc.

CHAPITRE III.

Des comptes qu'un banquier peut avoir avec chaque correspondant.

Si vous vendez de la marchandise pour moi, vous aurez à me tenir compte de votre vente, sauf vos frais ; de même j'aurai, sauf mes frais, à vous tenir compte de la mienne, si je vends de la marchandise pour vous ; dans ce dernier cas, j'ai simplement à connaître ce que je vous dois, ou ce que vous me devez, c'est-à-dire, à noter les sommes que je donne et que je reçois pour vous ; mais dans le premier, non-seulement cette annotation m'est nécessaire, mais encore la connaissance du gain ou de la perte que je fais, c'est-à-dire, la comparaison de vos ventes à mes achats. Cette comparaison excluant toute somme étrangère, deux comptes sont indispensables ; l'un pour vos affaires, je l'appelle *votre compte* ; l'autre pour les miennes, je l'appelle *mon compte* (1).

Si je fais avec vous des affaires dont nous partagions le bénéfice ou la perte, le compte que j'ouvrirai s'appellera *compte à demi* (2).

Si nous voulons connaître plus particulièrement les résultats de certaines opérations, j'établirai des comptes particuliers ; mais les uns rentrent dans la classe de *mon compte*, et se tiennent de la même manière ; tandis que les autres se tiennent comme *votre compte*, dans la classe duquel ils rentrent. Au reste, quel que soit le nombre de comptes, rien n'embarrasse ; on s'indique mutuellement ceux pour lesquels on destine les sommes.

---

(1) Dans le commerce, on se sert beaucoup d'abréviations, on met : C/te pour *compte* ; M/ pour *mon, ma, mes* ; N/ pour *nous, notre* ; L/ pour *lui, leur* ; V/ pour *vous, votre* ; S/ pour *son, sa, ses, sur, sous* ; T/te pour *traite* ; B/et pour *billet* ; O/ pour *ordre*, etc. ; ainsi voilà des phrases :

M/T/te S/V à M/O,
Ma traite sur vous à mon ordre,

S/B/et O/ Simon, P/ble à V/D/le.
Son billet, ordre Simon, payable à votre domicile.

(2) Il y a aussi des comptes à tiers, des comptes à quart, etc.

CHAPITRE IV.

De la manière de tenir les comptes personnels.

De la manière de tenir les comptes des correspondans, appelés leurs comptes.

J'ai besoin de connaître ma situation avec vous, c'est-à-dire, ce que je vous dois, ou ce que vous me devez, ou, ce qui est encore la même chose, de noter les sommes que je donne et que je reçois pour vous.

Si, le 1er juillet, Adolphe me remet, pour votre compte, 9,000 fr., et que je n'inscrive cette somme que le 24, je porterai. . . . .

Si, par une lettre que je reçois le 24, vous m'écrivez (1) : « Je tire sur vous, p. M/Cte, O/ Baptiste, 2,000 f. . . . . . .

Si, le 26, vous m'écrivez de créditer Eugène, pour V/Cte, de 900 fr. . . . .

Si, le 8 août, vous me remettez deux effets sur Paris, l'un de 1,000 fr. l'autre de 900 fr., au 19 courant . . . . . .

Si, le 12, vous me remettez 3,000 fr. sur Marseille, et 1,500 fr. sur Bordeaux . . . .

je ne porte pas ces 4,500 dans la colonne des sommes, parce que ces effets étant payables hors de ma résidence, je serai obligé de les négocier ou de les envoyer à l'encaissement, et qu'ainsi je n'en recevrai pas la totalité. Mais si, par exemple, je négocie les 3,000 fr. à 1 ½ de perte, je porterai dans la colonne des sommes, en face des 3,000 fr. . . . .

parce que c'est ce que je recevrai pour vous (2). (Les parties ajoutées après coup sont, savoir : les mots en caractères italiques et les sommes enfermées dans des parenthèses.)

Si, le 16 août, je tire sur vous, à mon ordre, 2,000 fr. . . . .

Si je vous écris ensuite que je les place à 1 ½ de perte, j'ajouterai . . . .

Si, le 18, je vous envoie 3,000 fr. de Lyon, à 99 (3) . . . .

Si, le 20, je vous renvoie, faute de paiement, votre remise sur Paris de 1,000 fr., avec frais 1,010 fr. . . . .

Si, le 25, je paie pour vous, et par intervention, un effet de 5,000 fr. où vous êtes endosseur, lequel, avec frais de protêt, s'élève à 5,010 fr., et, avec frais de compte de retour, à 5,090 fr., je porterai . . . .

Si, le 30 septembre, je veux solder votre compte, je porterai d'abord ce que vous me devez pour commission, courtage, ports de lettres, etc., je porterai . . . .

Ensuite je mettrai devant les 1,500 fr. de l'article blanc *à nouveau* (voyez au crédit sous la date du 12 août), je tirerai la différence du débit au crédit, et je l'ajouterai au côté le plus faible. . . . .

J'additionnerai. . . . . (Les additions doivent être égales.) . . . .

et je porterai à nouveau ces 3,864 fr., qui sont le solde, et ce que je vous dois, comme ils seraient ce que vous me devriez, si le débit avait excédé le crédit . . . .

Plus, l'article en blanc. . . . .

On voit que j'appelle *solder un compte* (4), tirer la différence du débit au crédit, l'ajouter au côté le plus faible, additionner, et porter cette différence à nouveau, au côté opposé. Mais cette expression emporte avec soi une idée d'apurement : elle suppose que l'on a prélevé des commissions, des intérêts, des magasinages, des ports de lettres, etc, qui sont une suite des opérations, et se portent ordinairement avant le solde de chaque compte. Ainsi, lorsque l'on tire simplement la différence du débit au crédit, sans rien préjuger sur les articles qui précèdent, et que les soldes qui en résultent ne sont pas pour être reconnus par les correspondans, on devrait se servir d'un mot propre, du mot *balancer*, par exemple, et mettre ces soldes en rouge, pour les distinguer des autres soldes, qui ne sont pas fictifs.

---

(1) Dans tout le reste de cet ouvrage, je suppose le lecteur *Francis, à Nantes*, et moi banquier, à Paris.

(2) J'aurais pu sortir ces 4,500 fr. dans la colonne des sommes, et vous débiter des frais de négociation. Ainsi, pour la perte faite sur les 3,000 fr., je vous aurais débité de 30 fr. par le crédit de Profits et Pertes. Ce moyen est quelquefois préférable.

(3) Le pair est 100, et tout ce qui est au-dessus est bénéfice, tout ce qui est au-dessous perte : 99 signifie *un pour cent de perte*; 101, *un pour cent de bénéfice*.

(4) Solder un compte, c'est proprement en payer le reliquat. Le reliquat payé, l'addition du débit doit être égale à celle du crédit, et cette égalité prouve qu'on ne se doit rien réciproquement ; mais lorsqu'on paye le reliquat d'un compte, on est censé d'accord sur les articles qui le composent, et cette égalité exprime encore cela. Or, lorsqu'on voulut arrêter les comptes, ayant à peu près les mêmes besoins, on dut opérer de la même manière et rapporter les soldes à nouveau, puisqu'ils n'étaient pas payés. *Solder un compte*, dans le sens que le prennent ordinairement les banquiers, c'est donc : *arrêter un compte, s'assurer jusqu'où l'on est d'accord, pour de là repartir à nouveau.*

Emile Francis, à Nantes, S/compte.

DOIT

DATES.		NOMS DES CRÉDITEURS.	PRÉCIS.	FOLIOS DES DÉBITEURS AU Journal	Grand-Livre.	SOMMES.	
1816.							
Juillet.	24	à Effets à payer (3).	Sa Tte O/ Baptiste, au 28 courant	47 (1)	33 (2)	2,000	»
. . . . .	26	à Eugène.	pour autant, dont je tiens compte à Eugène, valeur ce jour. .	47	25	900	»
. . . . .	.	. . . .	. . . .	. . .	. . .	. . . .	.
. . . . .	.	. . . .	. . . .	. . .	. . .	. . . .	.
. . . . .	.	. . . .	. . . .	. . .	. . .	. . . .	.
Août.	18	à Effets à recevoir.	ma remise sur Lyon, au 20 septemb., 3,000 f. à 1 ½ de perte . .	49	37	2,970	.
. . . . .	20	à Divers (4).	renvoi faute de paiement de S/R' S/ Paris au 19 cour. avec frais.	51	0 (4)	2,010	(4)
. . . . .	25	*Id.*	mon interv. à un effet de 2,000 fr. — soit avec compte de retour.	51	0	5,090	»
Septembre.	30	à Profits et Pertes.	frais de commissions, ports de lettres, etc	61	29	16	»
Septembre.	30	à Compte nouveau.	pour solde, créditeur à nouveau, valeur ce jour	63	11	3,864	»
. . . . .	.	. . . .	. . . .	. . .	. . .	15,850	»

AVOIR

DATES.		NOMS DES DÉBITEURS.	PRÉCIS.	FOLIOS DES DÉBITEURS AU Journal	Grand-Livre.	SOMMES.	
1816.							
Juillet.	24	par Caisse.	reçu d'Adolphe le 1er courant.	47 (1)	27 (2)	9,000	»
Août.	8	par Effets à recevoir.	sa remise sur Paris, au 19 courant, 1,000 900.	49	35	1,900	»
. . .	12	*id.*	*id.* Marseille, 15 octobre, 3,000 . . . . . à (99).	49	35	(2,970)	»
. . .	»	*id.*	*id.* Bordeaux au 31 octobre, 1,500 à *nouveau.*				
. . . . .	.	. . . . . .	(Voyez, à la ligne ci-dessus, les sommes enfermées dans les parenthèses.)				
. . . . .	16	*id.*	ma traite O/ moi-même, 20 octobre . . . . 2,000 à (99).	49	35	(1,980)	»
. . . . .	.	. . . . . .	. . . .	. . .	. . .	15,850	»
1816.							
Septembre.	30	par compte vieux.	solde du compte ci-dessus.	63	11	3,864	»
. . . . .	.	*id.*	report de S/R° du 12 août, sur Bordeaux, 31 octobre, 1,500 .	63	11		

(1) (2) On appelle aussi ces folios, *folios de rencontre* : ils ne font que représenter, sous une autre forme, ce qui est déjà exprimé par les dates, et par les noms des comptes qui sont dans les colonnes, *noms des débiteurs, noms des créditeurs.* On pourrait s'en passer sans inconvénient, le transport au grand-livre en deviendrait même plus simple et plus court.

(3) Ne débitant pas sans créditer, je porte dans cette colonne les noms des comptes aux crédits desquels sont les sommes dont je vous débite, comme au crédit dans la colonne, *noms des débiteurs,* je porte les noms des comptes aux débits desquels sont les sommes dont je vous crédite.

(4) Ces 2,010 fr. se trouvent à deux comptes; 1,000 fr. à Effets à recevoir, et 10 fr. à Caisse : c'est pourquoi je mets dans la colonne noms des créditeurs, à *divers,* et dans celle des folios de rencontre au grand-livre un *zéro.*

Ces diverses observations sont communes à tous les comptes; mais le lecteur fera bien de ne s'en occuper que lorsqu'il sera au Journal, parce qu'alors tous ces objets d'ordre et de détail lui deviendront faciles à comprendre. L'essentiel, en étudiant les comptes, est de faire attention aux sommes qui sont à porter dans les colonnes.

CHAPITRE V.

Continuation du même sujet.

De la manière de tenir les MON COMPTE *, et les* COMPTES A DEMI.

Des MON COMPTE *sur doubles colonnes.*

J'AI besoin de connaître ma situation avec vous, plus, le bénéfice ou la perte que je fais, c'est-à-dire, la comparaison de vos ventes à mes achats, et de vos achats à mes ventes.

Si, le 25 août, je tire sur vous, à mon ordre, 10,000 fr. au 5 octobre, et que je les envoie à Camille, à 99 $\frac{1}{2}$, je porterai . . . . puisque vous paierez pour moi 10,000 fr., et que je recevrai de Camille 9,950 fr.

Si, le 26, je vous envoie, pour mon compte, 3,000 fr. de Marseille, pris à 1 $\frac{0}{0}$ de perte, je porterai . . . .

Si vous m'écrivez que vous les négociez au pair, j'ajouterai. . . . . parce que c'est ce que vous aurez reçu pour moi.

Si, le 27, vous m'avisez votre traite de 10,000 fr., ordre Maurice, négociée à 99 $\frac{7}{8}$, je porterai . . . . . . puisque vous aurez encaissé pour moi 9,987 fr. 50 c., et que je paierai 10,000 fr.

Additionnons . . . .

Le crédit, par la différence de ces colonnes, présente. . . . 50 fr. » c. de perte,
et le débit. 17   50   de bénéfice.

Le résultat est donc . . . . fr. 32   50   de perte ;
mais ces 32 f. 50 c. ne peuvent cependant pas être considérés comme perte, ou toute la perte, puisque vous me devez 2,987 f. 50 c. (différence des colonnes intérieures (1)), et qu'en les faisant rentrer (venir de Nantes à Paris), je puis encore gagner ou perdre ; en effet, si vous m'envoyiez 3,048 fr. 46 c. de Paris, à 2 $\frac{0}{0}$ de perte, je porterais . . puisque vous auriez payé pour moi 2,987 fr. 50 c., et que j'aurais à encaisser 3,048 fr. 46 c. Or, cela fait, le crédit donne 10 fr. 96 c. de gain, et le compte, au lieu de perte, 28 fr. 46 c. de bénéfice. Il faut donc, pour être certain du bénéfice ou de la perte, que les colonnes intérieures soient égalisées ; car autrement, ou le banquier doit au correspondant, ou le correspondant doit au banquier, et toutes les opérations n'étant point achevées, le bénéfice n'en peut être connu.

Additionnons. . . . .

Mais si vous achetiez une partie de marchandise 12,970 f., et la vendiez 12,987 f. 50 c. ; que pour ces 12,987 f. 50 c. vous achetassiez encore de la marchandise, et la vendissiez 12,998 fr. 46 c., vous n'iriez pas, pour trouver le bénéfice de ces deux opérations, tirer la différence de 12,970 à 12,987 fr. 50 c., soit . . . . 17 f. 50 c. de 12,987 fr. 50 c. à 12,998 fr. 46 c., soit 10   96

vous soustrairiez seulement les 12,970 fr. des 12,998 fr. 46 c., soit 28   46
Ici, lorsque les colonnes intérieures sont égalisées, la colonne extérieure du débit présente les coûts des premiers achats, et celle du crédit, les produits des dernières ventes. Il suffit donc de tirer la différence de ces colonnes pour connaître le bénéfice ou la perte, et c'est ce que les banquiers font.

Pour solder ce compte, je porterai le bénéfice à Profits et Pertes . . . . c'est, comme on dit, *solder un compte par un autre;* mais alors le solde ne doit pas figurer à nouveau, car si je mettais ces 28 fr. 46 c. ici au crédit, je ferais un double emploi, puisqu'ils sont au crédit de Profits et Pertes.

Vous remarquerez que les sommes que j'ai portées dans les colonnes intérieures sont en francs, parce que

---

(1) Les colonnes intérieures sont celles qui se trouvent entre les folios de rencontre, et les colonnes ordinaires des sommes : celles où il y a dans ce compte 3,000 — 9,987 50 au débit ; 10,000 — 2,987 50 au crédit.

Doit   Emile Francis, à N

DATES.		NOMS DES CRÉDITEURS.	PRÉCIS.	FOLIOS DES CRÉDITEURS au		CHOSE POUR LAQUELLE			
				Journal.	Grand-Livre.	le correspond. a reçu.		le banquier a donné.	
1816.									
Août.	26	à Effets à recevoir.	ma remise sur Marseille, 15 oct., 3,000 à 99. *et* (100).	53	37	(3,000)	»	2,970	»
	27	à Effets à payer.	sa traite ordre Maurice, à 99 $\frac{7}{8}$	53	33	9,987	50	10,000	»
						12,987	50	12,970	»
						12,987	50	12,970	»
Septembre.	30	à Profits et Pertes.	bénéfice présenté par ce compte	61	29			28	46
						12,987	50	12,998	46

Nota. Chez les banquiers, les colonnes des comptes n'ont pas de titres, et, si j'en ai mis, c'est uniquement pour faciliter les explications. Il en est d[...]

DATES.		NOMS DES DÉBITEURS.	PRÉCIS.	FOLIOS DES DÉBITEURS au		CHOSE POUR LAQUELLE			
				Journal.	Grand-Livre.	le correspond. a donné.		le banquier a reçu.	
1816.									
Août.	25	par Camille S/C.te.	ma traite, à mon ordre, au 5 octobre à 99 ½ . .	53	25	10,000	»	9,950	»
. . . .	.	. . . . . .	. . . .		. . .	10,000	»	9,950	»
. . . .	29	par Effets à recevoir.	sa remise sur Paris, au 20 novembre, à 98 . . .	53	35	2,987	50	3,048	46
. . . .	.	. . . . . .	. . . .		. . .	12,987	50	12,998	46
						12,987	50	12,998	46

: même des diverses additions que j'ai faites avant de solder le compte.

ce sont les sommes que vous avez données et reçues pour moi. Si vous aviez habité la Hollande, elles auraient donc été en florins, puisque vous auriez donné et reçu des florins; en effet, je dois conformer mes écritures aux vôtres, lorsque je vous charge d'opérer pour moi, comme vous devez conformer les vôtres aux miennes, lorsque vous me chargez d'opérer pour vous. Ce n'est donc pas 10,000 fr., 2,987 fr. 50 c. qui sont au débit à Effets à recevoir, c'est 9,950 fr., 3,048 fr. 46 c. Les colonnes intérieures représentent la situation du correspondant, c'est-à-dire, ce qu'il doit, ou ce qui lui est dû : les colonnes extérieures (1) concourent à faire exister la balance; et les unes et les autres, en établissant la comparaison de l'achat à la vente, font connaître le bénéfice ou la perte.

Des comptes à demi sur doubles colonnes.

Que je fasse une opération seul, ou de moitié, je n'ai toujours qu'un moyen pour trouver le bénéfice ou la perte, c'est de comparer l'achat à la vente. La manière de tenir les comptes à demi, est donc la même que pour tenir les mon compte.

Si, le 31 août, je vous envoie 32 kilogrammes de cochenille, achetés 2,000 fr., je porterai . . . .
et si vous m'écrivez que vous les vendez 2,200 fr., j'ajouterai . . . .
Si, le 2 septembre, vous m'envoyez 1,000 fr. de Lyon, à 1 ⅜ de perte, je porterai . . . .
Si je vous écris que je les prends ou que je les négocie à 99 ¼, j'ajouterai . . . .

Maintenant, le crédit, par la différence de ses colonnes, présente   5 fr. de bénéfice,
et le débit . . . . 200 fr. de bénéfice.

Mais ces deux résultats, pris séparément, pourraient ne pas être justes, sans que pour cela la situation du compte fût fausse.

Si, par exemple, j'achète dix balles de laine 9,000 fr., je porterai . . . .
et si, au lieu de vous les envoyer, je les expédie à Marseille, et que j'en reçoive un compte de vente s'élevant à 9,600 fr., ou si je les vends sur place, à Fabien, pour cette même somme, je ne pourrai rien porter dans la colonne intérieure, en face des 9,000 fr., puisque vous n'aurez rien reçu, mais je porterai . . . .
parce que c'est ce que j'aurai touché.

De même, si vous achetez 4,000 kilogrammes de garance 7,000 fr., je porterai . . . .
et si, au lieu de me les envoyer, vous les vendez sur place, ou si vous les envoyez à Ostende, et qu'on vous en remette un compte de vente, s'élevant net à 7,500 fr., je porterai seulement . . . .
parce que c'est ce que vous aurez reçu; et je ne pourrai rien porter dans la colonne extérieure en face des 7,000 f., puisque je n'aurai rien touché.

Or, le crédit présente actuellement 2,605 fr. de bénéfice, ce qui est faux ;
et le débit 1,300   de perte, ce qui n'est pas plus juste ;

mais le résultat général est . . . . fr. 1,305   de bénéfice, et il est exact, car :
la première opération donne   200 f. de bénéfice, soit la différence entre l'achat et la vente des 32 k. de cochenille,
            la 2e   5   de bénéfice, soit la différence entre l'achat et la vente des 1,000 fr. de Lyon,
            la 3e   600   de bénéfice, soit la différence entre l'achat et la vente des 10 balles de laine,
            la 4e   500   de bénéfice, soit la différence entre l'achat et la vente des 4,000 k. de garance.

            Total . . . 1,305

Pour trouver le bénéfice ou la perte, il est donc inutile de considérer si les ventes et les achats ont été faits

---

(1) Afin de diminuer les répétitions, je retrancherai la plupart du temps le mot *colonne*, je dirai : *l'intérieure, l'extérieure*, au féminin, pour *la colonne intérieure, la colonne extérieure.*

Doit

DATES.		NOMS DES CRÉDITEURS.	PRÉCIS.	Journal.	Grand-Livre.	le correspond. a reçu.	le banquier a donné.
1816. Août.	31	à March.ᵈˢ générales.	ma facture à 32 kilogrammes de cochenille	53	31	(2,200)(1) »	2,000 »
Septembre.	6	à Maxime.	dix balles de laine.	53	25	. . . .	9,000 »
Septembre.	26		sa vente de 4,000 kilogrammes de garance	55	. . .	7,500 »	»
			Porté au F° 17	. . .	. . .	9,700 »	11,000 »

Avoir

DATES.		NOMS DES DÉBITEURS.	PRÉCIS.	Journal.	Grand-Livre.	le correspond. a donné.	le banquier a reçu.
1816 Septembre.	2	par Effets à recevoir.	sa remise sur Lyon, 1,000 fr. à 99 ..et (99¼) . .	53	35	990	..(995) »
	15	par Fabien.	vente de 10 balles de laine	53	25	. . . .	9,600 »
	18		son achat de 4,000 kilogrammes de garance . . .	55	. . .	7,000 »	»
			Porté au F° 17	. . .	. . .	7,990 »	10,595 »

(1) Lorsque les marchandises qui font partie d'une seule facture ne se vendent pas toutes à-la-fois, ne se vendent que partiellement, on réduit les différentes ventes à une échéance commune, afin d'en porter, autant qu'il est possible, le produit en face de l'achat : lorsqu'on prévoit qu'on ne pourra pas le faire, on porte les ventes successivement à leurs dates, bien entendu, rien que dans la colonne qui leur est destinée. Si, par exemple, Francis avait vendu les trente-deux kilogrammes de cochenille à quatre personnes différentes, chaque fois qu'il m'aurait donné avis d'un placement, je l'aurais débité dans la colonne intérieure du montant de sa vente.

par le correspondant ou par le banquier. En effet, réunissons la colonne intérieure du débit, soit.   .   9,700 f.
à l'extérieure du crédit, soit 10,595

et nous aurons pour les ventes. 20,295
la colonne extérieure du débit, soit. . . . . 11,000 fr.
à l'intérieure du crédit. 7,990

et nous aurons pour les achats. . . . 18,990, ci 18,990

Le bénéfice est donc de. 1,305

En portant mon achat de 9,000 fr. dans la colonne extérieure du débit, et le vôtre de 7,000, dans l'intérieure du crédit ; ma vente de 9,600 fr. dans l'extérieure du crédit, et la vôtre de 7,500 dans l'intérieure du débit, je ne pouvais donc changer les précédens résultats que des bénéfices faits sur ces dernières opérations, puisque je ne cessais pas de comparer les ventes aux achats.

Vous me remettriez 500 fr. en espèces, que cela ne produirait aucun dérangement, car je les porterais dans les deux colonnes. . . . . puisque vous les auriez donnés, et que je les aurais reçus, et qu'ainsi j'augmenterais également les ventes et les achats.

Pour solder ce compte, nous ferons comme les banquiers, c'est-à-dire, ou vous m'enverrez vos colonnes, qui sont ici les intérieures, ou je vous enverrai les miennes, qui sont ici les extérieures.

Si vous m'envoyez les vôtres, elles ne se solderont pas comme ci-contre, par 1,100 fr., car non-seulement vous avez payé des ports de lettres, et la voiture des 32 kilogrammes de cochenille ; mais les intérêts de vos colonnes sont peut-être en votre faveur : je suppose que ces frais s'élèvent à 110 fr. ; je porterai donc. . . . . mais rien que dans la colonne intérieure ; car les frais ne doivent s'ajouter qu'aux achats, et si je les portais dans l'extérieure, ce serait les ajouter aux ventes, autrement dit, faire trouver un bénéfice qui n'existe pas.

Ces 110 fr. n'étant à aucun autre compte, je ne mets rien dans la colonne, *noms des débiteurs*. Si, d'autre part, il y a *par Effets à recevoir*, c'est pour les 995 fr. et non pour les 990 fr.

Si les frais, ou ce que l'on entend plus généralement par perte (1), ne doivent être ajontés qu'aux achats, les bénéfices provenants de commissions, bonifications, erreurs, etc., ne doivent l'être qu'aux ventes. Si j'avais fait, au préjudice du compte à demi, une erreur de 25 fr. sur la facture des 32 kilogrammes de cochenille, je porterais dans l'extérieure seulement . . . . de même, si les intérêts de mes colonnes s'élevaient, en ma faveur, à 15 fr., je ne porterais que. . . . . . .

Pour trouver le bénéfice, n'ayant plus qu'à égaliser les colonnes intérieures, si le moment n'est pas favorable nous supposerons ; le papier à vue sur Nantes, se négocie, par exemple, à $\frac{1}{2}$ % de perte. En tirant sur vous, à

---

(1) C'est en général, pour les pertes, ce qui se considère comme pouvant s'ajouter aux achats ; et pour les bénéfices, ce qui se considère comme pouvant s'ajouter aux ventes.

Doit   Emile **Francis**, à Nant

DATES.		NOMS DES CRÉDITEURS.	PRÉCIS.	FOLIOS DES CRÉDITEURS. au		CHOSE POUR LAQUELLE			
				Journal	Grand-Livre.	le correspond. a reçu.		le banquier a donné.	
1816.			Transport du F° 15	. . .	. . .	9,700	»	11,000	»
									Se
Septembre.	30	à Profits et Pertes.	intérêts de mes colonnes	55	29	. . . .	»	15	»
			Porté au F° 19	. . .	. . .	9,700	»	11,015	»

	DATES.		NOMS DES DÉBITEURS.	PRÉCIS.	FOLIOS DES DÉBITEURS au Journal	Grand-Livre.	le correspond. a donné.		le banquier a reçu.	
»	1816.			Transport du F° 15	. . .	. . .	7,990	»	10,595	»
.	Septembre.	30	par Caisse.	reçu de Félix.	55	27	500	»	500	»
.	. . . . .	30	. . . .	pour intérêts, ports de lettres, et frais de voitures, à 32 kilogrammes de cocheuille.	55	. . .	110	»	»	»
.	. . . . . .		par March^{es} génér.	erreur sur ma facture du 31 août.	55	31	. . . . .		25	»
»				Porté au F° 19.			8,600	»	11,120	»

ce prix, 1,100 fr., je dois porter dans l'extérieure du crédit 1,094 fr. 50 c., et dans l'intérieure 1,100 fr.; je porterai donc le solde des intérieures, soit . . . . plus, en face, dans l'extérieure, comme si j'avais réellement tiré . . . .
Maintenant, la différence des extérieures est bénéfice ou perte (1); mais je vais en fournir une nouvelle preuve. Vos colonnes, c'est-à-dire, les colonnes intérieures, présentaient avant le dernier article, savoir:

à votre débit, pour vos recettes . . . . .   9,700 fr.
à votre crédit, pour vos dépenses.   8,600

reste . . . . .f. 1,100

Or, transporter ces colonnes dans les miennes, ou transporter leur solde seulement, c'est la même chose, puisque, dans l'un et l'autre cas, je n'augmente toujours mon débit que de 1,100 fr. En portant cette somme, soit net 1,094 fr. 50 c., dans l'extérieure du crédit, je joins donc vos dépenses et vos recettes aux miennes ; et, me trouvant ainsi chargé de toutes les dépenses et de toutes les recettes relatives au compte à demi, le bénéfice ou la perte me reste nécessairement entre les mains. Ici, il y a du bénéfice, puisque, suivant les colonnes extérieures, j'ai reçu plus que je n'ai donné, je porte donc la moitié de ce bénéfice à Profits et Pertes pour ma part. . . . . et, pour la vôtre, je vous en crédite à compte nouveau. . . . .

J'additionne . . . .

et porte le solde à nouveau, plus, votre demie de bénéfice. . . . .
Ce bénéfice (2), résultat des opérations, ne doit être ajouté ni aux ventes ni aux achats, ou doit l'être à tous les deux, puisqu'il ne fait partie ni des uns ni des autres ; qu'il n'est pas de ces bénéfices dont nous avons parlé plus haut : étant donc obligé de porter ces 599 fr. 75 c. dans la colonne intérieure du crédit, puisqu'ils vous sont dus, je les porte aussi dans l'extérieure, parce qu'alors, augmentant également les objets que je compare, je n'en change pas le résultat. Les pertes en pareil cas, doivent, par les mêmes raisons, se porter dans les deux colonnes du débit.
Pour solder les comptes à demi, on est libre d'égaliser les colonnes intérieures ou les extérieures, attendu que les unes et les autres présentent la situation du correspondant avec le banquier. Toutefois, si l'on égalise les extérieures, il faut que l'intérieure du débit soit la plus forte pour qu'il y ait du bénéfice.

---

(1) Parce que tout est vendu. Mais s'il restait des marchandises à vendre, j'en porterais la valeur d'achat à nouveau ; par exemple, s'il me restait deux balles de café, et qu'elles eussent coûté chacune 1,000 fr., je porterais dans l'extérieure du crédit, compte vieux, et du débit, compte nouveau, 2,000 fr. — Si c'était un achat du correspondant, je le porterais dans l'intérieure du débit, compte vieux, et du crédit, compte nouveau.

(2) Ce bénéfice, quoique résultat d'une supposition, peut être considéré comme réel, parce que si l'on suppose faux (ce qui arrive presque toujours), la différence se trouve au nouveau compte.
Si, par exemple, je tirais sur vous 500 fr. 25 c., à $\frac{1}{4}\frac{0}{5}$ de perte, je porterais. . . . . et la différence des colonnes extérieures donnerait juste un bénéfice de 4 fr 25 c., qui compenserait la perte que la supposition me ferait faire en trop au compte précédent. En effet ; vous devant 599 fr. 75 centimes, pour votre demie de bénéfice, ce n'était pas 1,100 fr. que je devais supposer tirer sur vous, pour solder le compte, c'était 500 fr. 25 c. seulement. Or, 500 fr. 25 c. à $\frac{1}{4}\frac{0}{5}$ ne donne que . . . . 1 f. 25 c. de perte réelle, et puisque la supposition des 1,100 fr. à 99 $\frac{1}{2}$, donne en perte fictive . . . . . 5 f. 50 c.
je dois retrouver ici, par la différence des colonnes extérieures 4   25 de bénéfice, et c'est ce qui existe, comme on l'a vu.
Ces comptes ne sont nullement difficiles à tenir.
Portez au débit, dans la colonne intérieure, tout ce que le correspondant doit ;
      dans l'extérieure, tout ce qui est dû au banquier;
   au crédit, dans l'extérieure, tout ce que doit le banquier ;
      dans l'intérieure, tout ce qui est dû au correspondant; et vous êtes sûr d'arriver à bon port.

Doit   Emile Francis, à Nan[cy]

DATES.	NOMS DES CRÉDITEURS.	PRÉCIS.	FOLIOS DES CRÉDITEURS au		CHOSE POUR LAQUELLE			
			Journal.	Grand-Livre.	le correspond. a reçu.		le banquier a donné.	
1816.		Transport du F° 17			9,700	»	11,015	»
Septembre. 30	à Profits et Pertes.	ma demie de bénéfice	61	29			599	75
	à compte nouveau.	pour votre demie de bénéfice	63	19			5 99	75
					9,700	»	12,214	50
1816. Septembre. 30	à compte vieux.	solde du compte ci-dessus, au change de 99 ½	63	19	1,100	»	1,094	50

DATES.		NOMS DES DÉBITEURS.	PRÉCIS.	FOLIOS DES DÉBITEURS au		CHOSE POUR LAQUELLE			
				Journal.	Grand-Livre.	le correspond. a donné.		le banquier a reçu.	
» 1816.			Transport du F° 17	. .	. . .	8,600	»	11,120	»
Septembre.	3o	par compte nouveau.	pour solde, au change de (99 ½) . . .	63	19	1,1oo	»	(1,094 –	5o)
7 5									
7 5									
5o	. . . . .		. . . .	. .	. . .	9,7oo	»	12,214	5o
5o 1816.				63	19	599	75	599	7 5
Septembre.	3o	par compte vieux.	votre demie de bénéfice.						
				. .	. . .	5oo	25	499	»

4*

CHAPITRE VI.

Des mon compte, et des comptes à demi sur simples colonnes.

LES comptes à demi peuvent se tenir sur simples colonnes, savoir :

1°. *Lorsque les achats et les ventes sont faits par le négociant.*

Si j'achète, contre écus, de moitié avec Jules, deux balles de café pour 2,000 f. je débite le compte à demi de . . .
et je crédite la caisse de . . . .
Si Jules me remet la moitié des avances, soit 1,000 fr., je les porte à son crédit . . . .
plus, au débit de la caisse. . . . .
Si je vends à Eugène ces deux balles de café 2,400 fr., je débite Eugène de. . . . .
et je crédite le compte à demi de. . . . .
Si je prélève une commission de 2 ½ sur les ventes, je débite le compte à demi de. . . . .
et je crédite Profits et Pertes de. . . . .
Maintenant que toute la marchandise est vendue, et que j'ai retenu mes frais, la différence du débit au crédit du compte à demi présente le bénéfice ou la perte, je porte donc la moitié de cette différence à Profits et Pertes, pour ma part . . . .
je crédite Jules de l'autre moitié. . . . .
et je débite le compte à demi du tout pour solder ce compte. . . . .

Jules reste créditeur pour solde de cette affaire . . . .

Nota. Lorsque c'est le correspondant qui fait les ventes et les achats, le négociant n'a aucune écriture à tenir : il passe tout simplement le résultat de l'opération d'après le compte que lui en remet son co-intéressé.
Si l'on est trois associés, le bénéfice se partage en trois parties ; si l'on est quatre, il se partage en quatre, etc.

2°. *Lorsque le correspondant fait les achats et le négociant les ventes.*

Si Jules était de Lyon, et qu'il achetât trois balles de café 3,000 fr., je le créditerais de. . . . . . .
et débiterais le compte à demi de. . . . .
S'il m'envoyait ces trois balles de café, et que je les vendisse à Eugène 4,000 fr., je débiterais Eugène de. . . .
et créditerais le compte à demi de . . . .
Tout étant vendu, et le compte à demi présentant 1,000 fr. de bénéfice, je porterais 500 au crédit de Jules pour sa part . . . .
500 fr. au crédit de Profits et Pertes pour la mienne. . . . .
et 1,000 fr. au débit du compte à demi pour solder ce compte. . . . . . .

Jules reste créditeur pour solde, de. . . . .

J'ai intitulé le compte à demi : *Compte à demi avec J.,* et non pas, *Jules compte à demi,* parce qu'il ne présente qu'une situation de marchandises et qu'il ne peut servir que pour Jules.

Nota. Lorsque le négociant fait les achats, et le correspondant les ventes, on n'a pas besoin de compte à demi.

Si j'achète d'Eugène huit balles de sucre 6,400 fr., et que je les envoie à Jules, je débite Jules de. . . . .
et crédite Eugène de . . . .
Si Jules, ayant vendu ces huit barriques de sucre, m'en remet un compte de vente s'élevant net à 7,000 fr., je débite Jules de 300 fr. pour ma demie de bénéfice. . . . .
et crédite Profits et Pertes de cette même somme. . . . .

Jules reste débiteur pour solde de cette affaire. . . . .

Cte A ½ avec J. DOIT	Cte A ½ avec J. AV.	CAISSE DOIT	CAISSE AVOIR	JULES S/Cte DOIT	JULES S/Cte AVOIR	EUGÈNE DOIT	EUGÈNE AVOIR	PROF. ET PERTES DOIV.	PROF. ET PERTES AV.
000 »									
			2,000 »						
					1,000 »				
		1,000 »							
	2,400 »					2,400 »			
48 »									
									48 »
352 »					176 »				176 »
400 »	2,400 »								
					1,176 »				
					3,000 »				
000 »									
						4,000 »			
	4,000 »								
					500 »				500 »
000 »									
000 »	4,000 »				3,500 »				
					6,400 »	6,400 »			
					300 »				300 »
					6,700 »				

On peut encore tenir les comptes à demi de plusieurs manières.

1° Si j'achète d'Anselme pour 4,000 fr. de savon, de compte à demi avec Devilas de Nantes, je débite le compte à demi, qui prend alors le nom de *Marchandises en société*, et je crédite Anselme de. . . . .
Si j'envoie ces caisses de savon à Devilas, je le débite de la moitié du coût par le crédit de Marchandises en société . . . .
Si les frais de transport coûtent à Devilas 200 fr., je le crédite de la moitié par le débit de Marchandises en société . . . .
Si Devilas me remet un compte de vente s'élevant net à 5,000 f., je le débite de la moitié de cette somme par le crédit de Marchandises en société . . . .
et pour solder Marchandises en société, je porte au débit, par le crédit de Profits et Pertes, le bénéfice que ce compte présente. . . . .

Devilas, comme vous voyez, me doit pour solde de cette affaire 4,400 fr.

Vous remarquerez que je puis me servir successivement de ce compte pour toutes les nouvelles affaires que je ferai de compte à $\frac{1}{2}$ et de compte à $\frac{1}{3}$ avec mes correspondans ; et qu'ainsi un seul compte tenu de cette manière suffit pour la plupart de ces opérations.

2° Si, de compte à demi avec Devilas, j'achète contre écus pour 6,000 fr. de laine, je crédite la Caisse de. . . . .
et débite Devilas pour sa moitié, et Marchandises en société pour la mienne, de. . . . .
Si les déboursés s'élèvent à 80 fr., je porte. . . . .
Si je vends à Anselme cette partie de laine 7,000 fr., je débite Anselme, et crédite Marchandises en société. . . . . .
ensuite, je débite Marchandises en société de la moitié du produit des marchandises, par le crédit de Devilas. . . . .
puis je solde Marchandises en société, par Profits et Pertes pour mon bénéfice. . . . .

Cette manière d'opérer a cela de désagréable, qu'elle nécessite un calcul, c'est-à-dire, qu'on est obligé de réunir tous les frais, de les déduire du montant des ventes, et de partager ensuite ce net produit.
Je pourrais indiquer un autre moyen ; mais il est plus compliqué, et ce n'est pas la peine. Au reste, toutes ces méthodes ont leur avantage et leur désavantage, il ne s'agit que de choisir celle qui convient le mieux à l'opération dont on veut connaître les résultats. Lorsque le bénéfice ou la perte se partage également entre les associés, le compte peut s'intituler : *compte à demi, compte à un tiers*, etc ; mais il prend le titre de *compte en participation* lorsque le partage est inégal.

Quant aux mon compte, ils s'intitulent : *Marchandises en mains d'un tel.* Du reste, ils ne présentent aucune difficulté. Quelquefois on n'a qu'un compte de divers, intitulé : *Marchandises pour mon compte chez divers.*
Ces doubles comptes (le compte particulier du correspondant et le compte des marchandises en ses mains) sont parfois très-commodes pour connaître les résultats d'une opération. En général, ils conviennent mieux au commerce qu'à la banque.

On observera que dans les exemples ci-dessus, les mouvemens des comptes n'étant qu'indiqués, on ne trouvera au Journal aucun article qui y soit relatif.

DOIV. Mˢᵉˢ EN SOCIÉTÉ.	AV.	DOIT DEVILAS.	AVOIR	DOIT ANSELME.	AVOIR	DOIT CAISSE.	AVOIR	DOIV. PROF. ET PERTES.	AV.
4,000 »					4,000 »				
	2,000 »	2,000 »							
100 »			100 »						
	2,500 »	2,500 »							
400 »									400 »
4,500 »	4,500 »								
						6,000 »			
3,000 »		3,000 »							
80 »						80 »			
	7,000 »			7,000 »					
3,460 »			3,460 »						
460 »									460 »
7,000 »	7,000 »								

CHAPITRE VII.

Continuation du même sujet.

De correspondans divers.

Si je fais avec vous des affaires pour mon compte, pour le vôtre, et de moitié, je dois ouvrir *mon compte, votre compte, compte à demi*. Néanmoins si votre compte était déjà sur mes livres, et que je vous fisse une remise pour le mien, je n'irais pas, pour une remise, ouvrir un mon compte; je la porterais au vôtre, en observant qu'elle me concerne. De même, je n'ouvrirais qu'un compte qui, tout-à-la-fois, serait le vôtre et le mien, si vous étiez du même pays que moi, et, qu'à l'exemple d'un marchand, je n'eusse besoin que de savoir ce que je vous dois, ou ce que vous me devez. Je dis : *si vous étiez du même pays*, parce qu'autrement la différence de monnaie m'obligerait à me servir d'un mon compte. Enfin, si je ne faisais avec vous et plusieurs autres personnes, qu'une deux ou trois affaires par an, je n'ouvrirais encore qu'un compte; car pour savoir ce que vous me devez, par exemple, je n'aurais au plus qu'une récapitulation de trois à quatre sommes à faire, et la recherche de quelques sommes sur cinquante ou soixante, ne présente ni assez de travail ni assez de difficultés pour être la cause d'un compte séparé; j'ouvrirais donc un compte semblable à celui qui est en regard :
et si, le 26 juillet, vous me chargiez de remettre pour vous à Eugène 900 fr. , et que je fusse en relation avec lui,
je porterais. . . . .

Nota. La marchandise que le négociant reçoit à vendre en consignation, ne s'inscrit à l'arrivée, que sur un livre de magasin, où chaque consignataire a un compte de marchandises, dont le côté gauche sert pour l'entrée, et le côté droit pour la sortie. Les correspondans ne sont crédités que lors des ventes, et cela de deux manières : par le débit des acheteurs au fur et à mesure des placemens; ou par le débit de marchandises générales, si on leur remet des comptes de vente.

Or, si, le 27, je vends à Eugène, pour le compte de Valentin, trois douzaines de basanes à 20 fr., je porterai,
    1° pour Eugène. . . . .
    2° pour Valentin . . . .
et je puis également porter si, le 27, je vends à Maxime, à 120 fr. la douzaine, quinze douzaines de maroquin, appartenant à Georges. . . . . ,
Si, le 28, je vends à Victor, à 120 fr. la douzaine, cinq douzaines de maroquins appartenants à Gustave . . . . . .
Si, le 28, je remets à Georges le compte de vente de ses 15 douzaines de maroq., soit net 1,600 f., je porterai. . .
Si, le 31, je paie pour le compte de Valentin, sans avis, sa traite O/André, de 600 fr . . . .
Si, le 19 août, je paie à Maurice, pour le compte d'Eugène, 300 fr. . . . .
Si, le 22, j'achète de Paul cent kilogrammes de cannelle, à 30 fr. . . . .
Si, le 23, je prends de Félix un billet Adolphe, sur Paris, de 5,050 fr. 50 c,, soit net d'escompte 5,000 fr. .
Si, le 23, je paie la facture de Paul en mon billet de 2,970 f., soit avec escompte p^r avance de paiement 3,000 fr.
Si, le 24, Cheridam de Naples m'avise sa traite de 3,000 fr. pour le compte de Camille. . . . . . .
Si, le 25, Anselme d'Amsterdam me remet pour mon compte, payable à Paris, un effet échu de 10,450 fr. faisant, à 57 $\frac{1}{4}$ deniers de gros pour 3 fr., 4,992 florins courants 15 stuivers et 9 pennins, je porterais. . .
Si, le 25, je remets à Camille, à 99 $\frac{1}{2}$ ma traite sur Francis, de 10,000 f. au 5 octobre, soit net 9,950 fr. . .
Si, le 25, je paie en espèces le bordereau de Félix . . . .
Si, le 6 septembre, j'achète de Maxime, pour compte à demi avec Francis, dix balles de laine p^r 9,000 f. . .
Si, le 15, je vends ces dix balles, à Fabien, 9,600 fr. . . . .
Si, le 30 septembre, je solde ce compte, je porterai . . . .

    J'additionnerai. . . . .
et porterai à nouveau le solde.

Mais par correspondant . . . .

On observera de mettre au crayon les numéros qui sont au crédit, à côté les noms des correspondans; puis au fur et à mesure que les articles se soldent, de sortir ces numéros en encre et d'en porter de pareils en face des articles soldés, dans une semblable colonne qui est au débit. Alors le crédit, par la différence du crayon à l'encre, présentera à l'œil les à-compte reçus et les factures à payer; et le débit, par les places vides des numéros, les factures à recevoir et les à-compte donnés. Lorsque les articles du crédit seront à une date bien éloignée de celle des articles du débit qu'ils soldent, il faudra avoir soin de mettre au crédit, à côté du numéro, les dates des articles du débit.

Si le nombre des débiteurs et des créditeurs était trop grand, je diviserais ce compte en *correspondans divers de A à H*, *correspondans divers de J à Z*.

Si des factures, des soldes de compte restaient en arrière, j'ouvrirais un compte de *débiteurs douteux*, que je tiendrais comme correspondans divers.

Doivent

Corresponda

DATES.		NOMS DES CRÉDITEURS.	PRÉCIS.	NUMÉROS D'ORDRE.	NOMS DES CORRESPONDANS.	FOLIOS DES DÉBITEURS au Journal.	Grand-Livre.	SOMMES reçues par le correspond.			données par le banquier.		D
													Ju
1816.													
Juillet.	27	à Valentin.	30 douzaines de basanes à 20 fr.	1	Eugène.	47	25				600	»	
		à Marchand. génér.	15 d^{nes} de maroquins à 120 fr. .		Maxime.	47	31				1,800	»	
	28	Id.	5 d^{nes} de maroquins à 120 fr. .		Victor.	47	31				600	»	
	31	à Caisse.	sa traite, O/André, sans avis .	2	Valentin.	49	27				600	»	
Août.	19	Id.	remis à Maurice.	1	Eugène.	51	27				300	»	l
	23	à Divers.	paiement de sa facture du 22. .	4	Paul.	51	0				3,000	»	
	24	à Effets à payer.	T^{te} Cheridam de Naples, à S/O.		Camille.	51	33				3,000	»	
	25	à E. Francis, M/C.	M/R^{se} S/N^{tes} à 99 $\frac{1}{2}$, 10,000 f.		Camille.	53	13				9,950	»	
	25	à Caisse.	paiem^t de son bordereau du 25.	5	Félix.	51	27				5,000	»	Se
Septemb.	15	à E. Francis, C/ à ½.	vente de dix balles de laine . .		Fabien.	53	15				9,600	»	
	30	à Compte nouveau.	pour divers créanciers			63	25	4,992	15	9	19,250	»	
								4,992	15	9	53,700	»	
1816.													
Septemb.	30	à Compte vieux.	arrêté du 28 juillet		Victor.	63	25				600	»	Se
		Id.	25 août.		Camille.	63	25				12,950	»	
		Id.	15 septembre . . .		Fabien.	63	- 25				9,600	»	

Nota. Quoique j'indique ce compte sur doubles colonnes, il y a bien peu de négocians qui aient besoin des colonnes intérieures. Les sommes porté en francs, on les additionne comme des francs, etc.

DATES.		NOMS DES DÉBITEURS.	PRÉCIS.	NUMÉROS D'ORDRE.	NOMS DES CORRESPONDANS.	FOLIOS DES DÉBITEURS au Journal.	Grand-Livre.	SOMMES données par le correspond.			SOMMES reçues par le banquier.	
1816.												
Juillet.	26	par E. Francis, S/C.	reçu par le débit de Francis	1	Eugène.	47	11				900	»
. . . .	27	par Eugène.	vente de 30 dnes de basanes à 20 f.	2	Valentin.	47	25				600	»
. . . .	28	par Marchand. gén.	M/Cte de vente valr ce jour.	3	Georges.	47	31				1,600	»
Août.	22	id.	S/Fre à 100 kilog. de cannelle.	4	Paul.	51	31				3,000	»
. . . .	23	par Effets à recevoir.	sur bordereau escompté.	5	Félix.	51	35				5,000	»
. . . .	25	par Caisse.	S/Re échue sur Paris, à 57 $\frac{1}{4}$.	6	Anselme M/Cto.	53	27	4,992	15	9	10,450	»
Septemb.	6	par E. Francis, C. à $\frac{1}{2}$.	dix balles de laine	7	Maxime.	53	15				9,000	»
. . . .	30	par compte nouveau.	pour divers débiteurs.			63	25				23,150	»
. . . .								4,992	15	9	53,700	»
1816.												
Septemb.	30	par compte vieux.	solde de son compte.	1	Maxime.	63	25				7,200	»
. . . .		id.	arrêté du 28 juillet	2	Georges.	63	25				1,600	»
. . . .		id.	30 août	3	Anselme M/Cte.	63	25	4,992	15	9	10,450	»

les portées dans ces dernières étant de diverses monnaies, on les suppose d'une même monnaie pour faire les additions. Si, par exemple, on les suppose

CHAPITRE VIII.

De la manière de tenir les comptes du banquier.

DU COMPTE DE CAISSE.

JE porte au débit de ce compte toutes les sommes que je reçois ; au crédit, toutes celles que je paie.
Si, le 1ᵉʳ juillet, je paie pour achat de 1,500 kilogrammes de garance 3,000 fr., je mets . . . .
Si, le 4, je reçois pour vente d'un boucaut de café 1,200 fr. . . . .
Si, le 5, je paie pour achat (1) de 3,000 f. de Bordeaux, 2,000 f. de Nantes, et 990 f. de Paris, 5,922 f. 53 c. . .
Si, le 12, je donne sur un achat de 5,000 fr. de Lyon, 1,950 fr. en espèces . . . .
Si, le 18, je reçois pour vente de 3,000 fr. de Bordeaux, 2,970 fr. . . . .
Si, le 24, je porte par omission les 9,000 fr. que j'ai reçus de Francis le 1ᵉʳ courant. . . . .
Si, le 24, je paie pour appointemens 200 fr. . . . .
Si, le 25, je paie pour ports de lettres 10 fr. . . . .
Si, le 28, je paie la traite, ordre Baptiste, que vous m'avez avisée. . . . .
Si, le 31, je paie pour le compte de Valentin sa traite, sans avis, de 600 fr. . . . .
Si, le 19 août, je remets à Maurice pour le compte d'Eugène, 300 fr. . . . .
Si, le 20, je paie pour le compte de Francis, un protêt de 10 fr. . . . .
Si, le 21, j'encaisse l'effet de 900 fr. numéroté 8. . . . .
Si, le 25, je paie, par intervention, pour le Cᵗᵉ de Francis, un effet de 5,000 fr. avec frais de protêt, 5010 f. . .
Si, le 25, je paie à Félix le net de son bordereau, soit 5,000 fr. . . . .
Si, le 25, j'encaisse l'effet de 10,450 fr. sans numéro, qu'Anselme m'a remis, échu pour mon compte. . . . . .
Si, le 30 septembre, je reçois de Félix, pour le compte à demi avec Francis, 500 fr. . . . .
Si, le même jour, je solde ce compte. . . . .

Il y a des personnes à Paris qui ouvrent un compte à la banque pour les sommes qu'elles y versent et pour celles qu'elles en retirent. Mais si ces personnes avaient soin, chaque semaine ou chaque mois, d'indiquer sur leur livre de caisse ce qui reste à la banque, elles n'auraient plus, supposé qu'elles vinssent à perdre leur carnet, qu'à faire le relevé des bordereaux qu'elles auraient donnés et des bons qu'elles auraient émis depuis l'époque où elles seraient d'accord ; ce qui certainement ne vaut pas la peine d'ouvrir un compte. L'argent à la banque doit être considéré comme faisant partie de l'argent en caisse.

---

(1) En banque, on ne dit pas *acheter, vendre, achat, vente ;* on dit : *prendre, négocier, négociation.*

Doit   Caisse.   Avoir

DATES.		NOMS DES CRÉDITEURS.	PRÉCIS.	FOLIOS DES CRÉDITEURS au		SOMMES ENCAISSÉES.	
				Journal.	Grand-Livre.		
1816.							
Juillet.	4	à Marchand.. gén.		41	31	1,200	»
	18	à Effets à recevoir.		43	35	2,970	»
	24	à E. Francis, S/C.		47	11	9,000	»
Août.	21	à Effets à recevoir.		51	37	900	»
	25	à Anselme, M/C.		53	25	10,450	»
eptembre.	30	à E. Francis, C. à ½.		55	17	500	»
						25,020	»
1820.							
eptembre.	30	à compte vieux.	en caisse ce jour	63	27	1,017	47

DATES.		NOMS DES DÉBITEURS.	PRÉCIS.	FOLIOS DES DÉBITEURS au		SOMMES PAYÉES.	
				Journal.	Grand-Livre.		
1816.							
Juillet.	1er	par Marchand.. gén.		41	31	3,000	»
	5	par Effets à recevoir.		41	35	5,922	53
	12	id.		43	35	1,950	»
	24	par Profits et Pertes.		45	29	200	»
	25	id.		47	29	10	»
	28	par Effets à payer.		49	33	2,000	»
	31	par Valentin.		49	25	600	»
Août.	19	par Eugène.		51	25	300	»
	20	par E. Francis, S/C.		51	11	10	»
	25	par E. Francis, S/C.		51	11	5,010	»
	25	par Félix.		51	25	5,000	»
Septembre.	30	par C.. nouveau.		63	27	1,017	47
						25,020	»

Nota. En général, on ne met pas de détail dans les comptes du banquier et les comptes d'entrepôt. Si l'on en met aux comptes personnels, c'est qu'autrement on serait obligé pour faire les copies des comptes d'aller chercher dans le Journal, ce qui serait long et ennuyeux. Lorsque l'on a un livre de comptes courans, on ne met plus de détail au Grand-Livre, qu'aux comptes personnels qui ne sont pas aux *comptes courans.*

DE PROFITS ET PERTES.

Je porte au débit toutes les pertes, au crédit tous les bénéfices ; et ce compte me sert en outre d'entrepôt pour toutes les petites sommes, qu'afin de ne pas multiplier les écritures, je ne porte pas de suite aux comptes personnels.

Si, le 24 juillet, je paie pour appointemens 200 fr., je porterai. . . . .
Si, le 25, je paie pour ports de lettres. . . . .
Si, le 23 août, j'escompte la facture de Paul, et que j'aie 30 fr. de bénéfice. . . . .
Si, le 25, j'ai 80 fr. de bénéfice sur un compte de retour que je fais sur Francis. . . . .
Si, le 30 septembre, les intérêts de mes colonnes au compte à demi s'élèvent en ma faveur à 15 fr. . . .
Si, le même jour, les comptes ci-après donnent en bénéfice, savoir : votre compte, 16 f. »
          mon compte. 28 46
          le compte à demi . . . . 599 75   je porterai . .
          Marchandises générales (ainsi qu'on le verra) . . . . 370 »
          Effets à recevoir (ainsi qu'on le verra). 67 97
Si, le même jour, je solde Profits et Pertes. . . . .

Ces 997 fr. 18 cent., quoique résultat de la différence du débit au crédit, ne sont pas tout bénéfice, puisque les 10 fr. portés au débit pour ports de lettres, ne sont point une perte, ne sont qu'entreposés. Vous savez que ces entrepôts cessent lorsqu'on solde les comptes personnels ; parce qu'alors on débite les correspondans, et que l'on crédite Profits et Pertes. Or, au 1er janvier de chaque année, les banquiers ayant coutume de faire ce qu'ils appellent l'inventaire, et alors étant obligés de solder tous les comptes, Profits et Pertes présente le bénéfice ou la perte. Mais, comme vous voyez, il ne le présente qu'à cette époque, et encore n'est-ce jamais qu'approximativement.

Profits et Pertes se divise assez généralement en beaucoup d'autres comptes, savoir : commissions, courtages, timbre, ports de lettres, etc. Mais je ne vois aucune utilité à toutes ces divisions ; elles me paraissent même nuisibles en ce qu'elles multiplient les écritures ; car multiplier les écritures, c'est multiplier les erreurs ; multiplier les erreurs, c'est multiplier les recherches.

Peut-être ferait-on bien d'ouvrir un compte de *Profits et Pertes éventuels*, pour toutes les pertes probables qui, par suite d'événemens, peuvent se changer en bénéfice, et pour les pertes dont la quotité n'est pas encore fixée au moment de l'inventaire. Par exemple, j'ai un débiteur insolvable qui s'est enfui je ne sais où : dix ans après, ce même débiteur me paie non-seulement le capital, mais encore les intérêts.

Un navire sur lequel j'ai mis une pacotille, fait naufrage ; tout me porte à croire que je n'ai rien à espérer : je passe l'objet à Profits et Pertes éventuels. Bientôt j'apprends que parmi diverses marchandises sauvées de ce navire, se trouvent tels et tels articles qui m'appartiennent : je crédite alors Profits et Pertes éventuels par le débit de la personne que je charge de retirer ces marchandises.

Une faillite, où je suis pour 10,000 fr., n'est point encore réglée lors de mon inventaire. Je sais que je perdrai 50 $\frac{0}{0}$ environ : je porte donc 5,000 fr. au crédit de Profits et Pertes éventuels, par le débit de Profits et Pertes. Ensuite si, le concordat passé, je ne perds que 40 $\frac{0}{0}$, je débite Profits et Pertes éventuels, savoir : de 4,000 fr. par le crédit du correspondant, pour les 40 $\frac{0}{0}$, et de 1,000 fr. par le crédit de Profits et Pertes pour les 10 $\frac{0}{0}$ portés en trop.

Les comptes de frais de fabrication se soldent par Marchandises générales, et non par Profits et Pertes. Ils n'ont d'utilité que lorsque les frais sont susceptibles de variation, autrement je préfère tout porter à Marchandises générales. Pour l'ordinaire on ne met à Profits et Pertes que les frais qui ont pour but la maison en général, comme les appointemens. Les dépenses nécessitées par des objets pour lesquels il y a des comptes ouverts, doivent être portées aux comptes mêmes. Ainsi, les lettres de voiture, et autres frais semblables, seront mis à Marchandises générales, et non à Profits et Pertes.

Doivent   Profits et Pertes.   Avoir

DATES.		NOMS DES CRÉDITEURS.	PRÉCIS.	FOLIOS DES CRÉDITEURS au		FRAIS OU PERTES.		DATES.		NOMS DES DÉBITEURS.	PRÉCIS.	FOLIOS DES DÉBITEURS au		BÉNÉFICES.	
				Journal.	Grand-Livre.							Journal.	Grand-Livre.		
1816.															
Juillet.	24	à Caisse.	. . . .	45	27	200	»								
. . . . .	25	id.	. . . .	47	27	10	»	1816.							
. . . . .	.	. . . .	. . . . .	. .	. .	. . . .	.	Août.	23	par Paul.	. . . .	51	25	30	»
. . . . .	.	. . . .	. . . . .	. .	. .	. . . .	.	. . . . . .	25	par E. Francis, S/C.	. . . .	51	11	80	»
. . . . .	.	. . . .	. . . . .	. .	. .	. . . .	.	Septembre.	30	par E. Francis, C. à $\frac{1}{2}$.	. . . .	55	17	15	»
. . . . .	.	. . . .	. . . . .	. .	. .	. . . .	.	Septembre.	30	par divers.	. . . .	61	0	1,082	18
Septembre.	30	à compte nouveau.	. . . .	63	29	997	18								
						1,207	18							1,207	18
								1816.							
								Septembre.	30	par compte vieux.	bénéfice jusqu'à ce jour . . .	63	29	997	18

Nota. Afin de dégager Profits et Pertes, et les comptes personnels d'une foule de petits articles, on se sert, en général, de différens livres auxiliaires.

On tient, par exemple, pour les menus frais, ce qu'on appelle *une petite Caisse*, que l'on solde toutes les semaines ou tous les mois, par Profits et Pertes.

On a aussi un livre de timbre et de ports de lettres, où chaque correspondant est débité de toutes les menues dépenses que l'on fait pour lui, dépenses qui ne se portent à son compte ordinaire que lorsqu'on le lui envoie. On fera bien de n'enregistrer sur ce livre que les ports de lettres indirects, les ports de lettres ordinaires pouvant se prendre d'après les lettres mêmes des correspondans.

Dans les fabriques, on donne ordinairement à chaque ouvrier un livret, où l'on porte d'un côté ce qu'on doit à l'ouvrier pour les façons; de l'autre, ce qu'on lui donne à compte et pour solde.

CHAPITRE IX.

De la manière de tenir les comptes d'entrepôt.

MARCHANDISES GÉNÉRALES.

Je me propose, 1° de connaître le bénéfice ou la perte que je fais sur les marchandises ; 2° de faire exister la balance en remplaçant momentanément le banquier ou la personne.

Si, le 1ᵉʳ juillet, j'achète comptant 1,500 kilogrammes de garance 3,000 fr., je porterai.. . . . .
Si, le 3, j'achète un boucaut de café 1,000 fr., et que je le paie en mon billet. . . . .
Si, le 4, je vends comptant ce boucaut de café 1,200 fr. . . . .
Si, le 8, je vends les 1,500 kilogrammes de garance contre 3,000 fr. de Lyon, à 1 °/₀ de perte, soit 2,970 fr.
Si, le 23, j'achète 50 kilogrammes de cochenille, pour 2,975 fr., et que je les paie en papier de portefeuille.

Nota. Souvent la marchandise qu'un correspondant envoie à vendre pour son compte, ne figure pas à Marchandises générales. Nous avons vu à Correspondans divers, pag. 24 et 25, que Valentin a été crédité directement par *Eugène*, du produit des trente douzaines de basanes : dans ce cas, la commission et le magasinage se prélèvent lorsqu'on solde le compte du commettant.
D'autres fois, on remet des comptes de vente aux correspondans : alors on les crédite par Marchandises générales du net produit des comptes de vente ; et l'on débite les acheteurs également par Marchandises, mais du montant des ventes.

Si, le 27 juillet, je vends à Maxime, à 120 f. la douzᵉ, 15 duⁿˢ de maroquins appartenants à *Georges*, je porterai.
Si, le 28, je vends à Victor, à 120 fr. la douzaine, 5 douzaines de maroquins appartenants à *Gustave*. . . .
et si, le même jour, je remets à Georges le compte de vente des 15 duⁿˢ de maroquins, soit net 1,600 f., je porterai.

Nota. La différence entre la vente qui va au crédit, et le compte de vente qui va au débit, est, comme on voit, un bénéfice qui provient de la commission, du magasinage, etc. Si, parmi les frais du compte de vente, on portait la voiture, il faudrait, lorsqu'on la paie, la porter au crédit de Caisse par le débit de Marchandises.

Si, le 22 août, j'achète de Paul 100 kilogrammes de cannelle à 30 fr. . . . .
Si, le 31, je vous envoie, pour le compte à demi, 32 kilogrammes de cochenille, montant à 2,000 fr. . . .
Si, le 30 septembre, vous relevez une erreur de 25 fr. sur cette facture. . . . .
Les achats étant ici au débit, et les ventes au crédit, la différence de l'un à l'autre est bénéfice ou perte, lorsque tout est vendu. Pour solder ce compte, j'évaluerai donc la marchandise qui reste en magasin ; et, portant cette évaluation au crédit, tout sera censé vendu. Or, il reste 18 kilogrammes de cochenille et 100 kilogrammes de cannelle (1), je les évalue 4,000 fr. et je porte. . . . .
Mais la vente de 5 douzaines de maroquins que j'ai faite pour le compte de Gustave, est ici au crédit ; et comme je n'en ai pas remis compte de vente, qu'ainsi le net ne s'en trouve pas au débit, si je ne la portais pas à nouveau, le résultat du compte ne serait plus juste, puisque les ventes se trouveraient seules augmentées ; je porte donc. . . . .

Nota. Au lieu de ces deux articles 600 fr., 4,000 fr., j'aurais pu n'en faire qu'un, en déduisant le montant des comptes de ventes à remettre, de l'évaluation des marchandises en magasin ; c'est-à-dire, les 600 fr. des 4,000 fr. ; mais alors il aurait fallu détailler l'opération au Journal.

Pour achever de solder ce compte, je porterai le bénéfice qu'il présente à Profits et Pertes. . . . .

Il y a des personnes qui divisent Marchandises générales par espèces de marchandises ; mais pour savoir ce que l'on a gagné ou perdu sur les cotons, en spécule-t-on moins sur ce produit les années suivantes ? Des comptes

---

(1) Il faut que cela soit d'accord avec un compte qui est au livre de magasin, et dont le côté gauche sert pour l'entrée des marchandises, et le côté droit pour la sortie. Ce compte devrait être tenu avec quantité de colonnes pour l'entrée et pour la sortie, comme, dans la comptabilité militaire, est tenu le livre d'habillement.

Doivent — Marchandises générales. — Avoir

Doivent

DATES.		NOMS DES CRÉDITEURS.	PRÉCIS.	Journal.	Grand-Livre.	ACHATS ET COMPTES DE VENTES.	
1816.							
Juillet.	1er	à Caisse.	. . . .	41	27	3,000	»
. . . . .	3	à Effets à payer.	. . . .	41	33	1,000	»
. . . . .	.	. . . .	. . . .	. . .	. . .	. . .	»
. . . . .	23	à Effets à recevoir.	. . . .	45	37	2,975	»
. . . . .	.	. . . .	. . . .	. . .	. . .	. . .	
. . . . .	28	à Georges.	. . . .	47	25	1,600	»
Août.	22	à Paul.	. . . .	51	25	5,000	»
Septembre.	30	à E. Francis. C. à ½.	. . . .	55	17	25	»
. . . . .	.	. . . .	. . . .	. . .	. . .	. . .	
Septembre.	30	à compte nouveau.	montant des comptes de ventes à remettre.	63	31	600	»
. . . . .	.	à Profits et Pertes.	bénéfice présenté par ce compte.	61	29	370	»
1816.						12,570	»
Septembre.	30	à compte vieux.	évaluation des marchandises restant ce jour en magasin . . .	63	31	4,000	»

Avoir

DATES.		NOMS DES DÉBITEURS.	PRÉCIS.	Journal.	Grand-Livre.	VENTES.	
1816.							
Juillet.	4	par Caisse.	. . . .	41	27	1,200	»
. . . . .	8	par Effets à recevoir.	. . . .	43	35	2,970	»
. . . . .	27	par Maxime.	. . . .	47	25	1,800	»
. . . . .	28	par Victor.	. . . .	47	25	600	»
Août.	31	par E. Francis, C. à ½.	. . . .	53	15	2,000	»
Septembre.	30	par compte nouveau.	évaluation des marchandises restant ce jour en magasin . . .	63	31	4,000	»
1816.						12,570	»
Septembre.	30	par compte vieux.	montant des comptes de ventes à remettre.	63	31	600	»

particuliers sont bons pour des opérations suivies, ou lorsqu'on veut tâter une affaire afin de s'y livrer davantag si elle présente du bénéfice ; de même, lorsqu'une opération entraîne avec soi des frais de détail qu'on ne peu guère évaluer. Mais il ne faut jamais perdre de vue qu'un compte n'est utile que lorsque sa non-existence peu occasioner quelques dommages ou quelques désagrémens. Toutefois, je conseillerai d'ouvrir un compte particulie pour tous les objets qui traînent en magasin, ou qui, n'étant pas susceptibles d'une liquidation prompte, présentent soit en bénéfice, soit en perte, des résultats très-incertains : Marchandises générales se trouverait alors dégag d'une foule d'articles qui faussent sa situation apparente.

D'EFFETS A PAYER.

Je me propose, 1° de connaître ce que j'ai à payer ; 2° de faire exister la preuve en remplaçant momentanémen le compte de caisse.

Si, le 3 juillet, je donne en paiement d'un boucaut de café mon billet de 1,000 fr., au 3 octobre. .
Si, le 12, je donne à compte d'un achat de papier, mon billet de 3,000 fr., au 20 octobre. .
Si, le 24, vous tirez sur moi, pour votre compte, 2,000 fr. au 28 courant. .
Si, le 23 août, je remets à Paul, en paiement de sa facture, mon billet à S/O, au 22 novembre, de 2,970 f.
Si, le 24, Cheridam de Naples m'avise sa traite de 8,000 fr., au 10 octobre, pour le compte de Camille.
Si, le 28 juillet, je paie votre traite de 2,000 fr. . .
Si, le 27 août, vous m'avisez votre traite de 10,000 fr. pour mon compte. .
Si, le 30 septembre, je solde ce compte. . .

Ce solde de 19,970 fr. est, comme vous voyez, ce qui me reste à payer, et ce compte me le présente par l différence de son débit à son crédit : je nomme cette utilité : *utilité particulière.* Or, tous les comptes ont de ces utilités ; le vôtre, par exemple, me montre ma situation avec vous ; le mien, cette situation, plus, le bénéfice ou la perte que je fais : Profits et Pertes présente le résultat des opérations, Caisse, ce qui reste en caisse, etc. J'entends par *utilité générale,* ce que les comptes ont de commun, c'est-à-dire, la propriété qu'ils ont chacun de contribuer à l'existence de la balance ; mais les comptes d'entrepôt ne contribuent que momentanément, puisqu'ils deviennent inutiles dès que les sommes sont où elles doivent aller.

Un négociant qui se trouverait dans une position à escompter souvent ses propres billets, ou ses acceptations, ferait bien d'établir Effets à payer sur doubles colonnes, comme Effets à recevoir. (*Voyez* le chapitre suivant).

Doivent   Effets à payer.   Avoir

DATES.		NOMS DES CRÉDITEURS.	PRÉCIS.	FOLIOS DES CRÉDITEURS au		EFFETS PAYÉS.	DATES.		NOMS DES DÉBITEURS.	PRÉCIS.	FOLIOS DES DÉBITEURS au		EFFETS à PAYER.
				Journal.	Grand-Livre.						Journal.	Grand-Livre.	
1816.							1816.						
							Juillet.	3	par Marchand^{ds} gén.		41	31	1,000 »
								12	par Effets à recevoir.		43	35	3,000 »
								24	par E. Francis, S/C.		47	11	2,000 »
							Août.	23	par Paul.		51	25	2,970 »
								24	par Camille.		51	25	3,000 »
Juillet.	28	à Caisse.		49	27	2,000 »		27	par E. Francis, M/C.		53	13	10,000 »
Septembre.	30	à compte nouveau.		63	33	19,970 »							
						21,970 »							21,970 »
							1816.						
							Septembre.	30	par compte vieux.	effets restant ce jour à payer.	63	33	19,970 »

Nota. Pour savoir chaque jour ce que l'on a à payer et à recevoir, on se sert d'un livre auxiliaire, appelé *Livre d'échéances.*
On consacre pour chaque jour de l'année une page, plus ou moins, et l'on porte au côté gauche les sommes que l'on a à recevoir; au côté droit, celles que l'on a à payer.

CHAPITRE X.

Continuation du même sujet.

De la manière de tenir EFFETS A RECEVOIR.

———

JE me propose, 1° de faire exister la preuve en remplaçant momentanément le banquier ou la personne ; 2° savoir le bénéfice ou la perte que je fais sur le papier ; 3° de connaître la situation de mon porte-feuille , c'est-à dire les effets qui me restent, en comparant ceux que j'ai donnés avec ceux que j'ai reçus. Si ces effets so payables partie en France, partie dans l'étranger, je les séparerai donc par espèce de monnaie à cause des addition J'ouvrirai , pour ceux sur la France, *Effets sur la France* ; pour ceux sur la Hollande , *Effets sur la Holland* pour ceux sur l'Angleterre, *Effets sur l'Angleterre*, etc. Cependant si les effets sur le dehors n'étaient qu'en peti quantité, j'ouvrirais seulement un compte, *Effets sur divers*, et les sommes que je porterais dans les colonnes int rieures de ce compte étant de diverses monnaies, je les supposerais soit en florins, soit en francs pour faire les addition

D'effets sur la France, ici Effets à recevoir, *puisque nous n'avons qu'un compte.*

Les colonnes intérieures doivent présenter la situation de mon porte-feuille ; les extérieures servent à faire exist la preuve et à présenter les bénéfices et les pertes. Je porte donc , dans les premières , le montant des effets ; dans l secondes , les nets des ventes et des achats.

Si , le 5 juillet, j'achète contre écus 3,000 f. de Bordeaux , à $1\frac{1}{4}\%$ de perte soit 2,955
          2,000   de Nantes,   à $1\frac{0}{0}$ 1,980
          990   de Paris,   à $\frac{1}{4}$ 987   53 , je porterai. . . .
Si , le 8, je reçois en paiement de marchandises 3,000 fr. de Lyon, à $1\frac{0}{0}$ de perte. . . . . . .
Si , le 12, je prends 5 000 fr. de Lyon à 99, et que je les paie partie en espèces , et partie en mon billet . .
Si , le 16 , je prends 1,000 fr. de Toulouse à 99, et que, je donne en paiement un effet sur Paris de 990 fr.
      porterai d'abord : pour l'effet que je reçois. . . . .
      ensuite, pour celui que je donne. . . . .

Nota. Je n'élide pas ici le débit et le crédit d'Effets à recevoir, c'est-à-dire, l'article qui est au débit et au crédit de ce compt parce que les sommes portées dans les colonnes intérieures n'étant pas égales, l'ellipse empêcherait de connaître la situation du port feuille, et, par suite, le bénéfice ou la perte que je fais sur le papier. De même, si vous me donniez un effet de 2,000 f. sur Paris, payab le 31 octobre, et que je vous en donnasse un de 2,000 fr. également sur Paris, mais au 31 août, je ne retrancherais pas l'article débit et au crédit de votre compte, puisque je perdrais les intérêts qui proviendraient de cette différence d'échéance ; je ne retra cherais pas non plus l'article au débit et au crédit d'Effets à recevoir, puisqu'alors je ne verrais plus, d'après ce compte, les effe qui restent véritablement en porte-feuille ; on ne doit donc élider que lorsqu'on le peut sans nuire aux utilités particulières d comptes. Telle est la restriction que j'ai annoncée chapitre II.

Si , le 8 août, vous m'envoyez deux effets sur Paris, ensemble 1,900 fr. . . . .
Si , le 12 , vous me remettez 3,000 fr. sur Marseille et 1,500 fr. sur Paris. . . . .
Je ne porte rien dans la colonne extérieure, parce que je n'y peux mettre que la somme qui est à votre crédit. J négocierais les 3,000 f. à 99 que je ne pourrais encore rien y mettre ; car le net produit de ces 3,000 f. ne serait pa celui des 4,500 fr. Mais, lorsque je solderai ce compte, si les 1,500 fr. ne sont pas négociés, je les porterai nouveau, et je sortirai, en face des 4,500 fr., le produit dès 3,000 fr. Or, comme c'est ce qui arrivera, je port par avance . . . .
Vous avez pu remarquer que lorsque je tire sur vous, c'est comme si vous me remettiez. Effectivement, me traites sont des effets que j'ai à recevoir.
Si , le 16 août, je tire sur vous, pour votre compte, 2,000 fr., je porterai donc. . . . .
et si je vous crédite, pour net produit de cette négociation, de 1,980 fr., j'ajouterai. . . . .
Si , le 23 août, je prends de Félix 5,050 fr. 50 c. de Paris, à $1\frac{0}{0}$ pour toute perte. . . . .
Si , le 29, vous me remettez, pour mon compte, 3,048 fr. 46 c. de Paris. . . . .
Si , le 2 septembre, vous m'envoyez, pour le compte à demi, 1,000 fr. de Lyon. . . . .
si je vous écria que je les négocié à 99 $\frac{1}{2}$ . . . .
Si , le 18 juillet, je négocie 3,000 fr. de Bordeaux , à $1\frac{0}{0}$ de perte soit 2,970 fr. . . . .

Doivent — Effets à recevoir. — Avoir

Doivent

DATES	NOMS DES CRÉDITEURS. — PRÉCIS.	FOLIOS au Journal	FOLIOS au Grand-Livre	EFFETS ENTRÉS POUR brut		EFFETS ENTRÉS POUR net	
1816.							
Juillet 5	à Caisse.	41	27	5,990	»	5,922	53
.... 8	à Marchand. génér.	43	31	3,000	»	2,970	»
.... 12	à Divers.	43	0	5,000	»	4,950	»
.... 16	à Effets à recevoir.	43	35	1,000	»	990	»
Août 8	à E. Francis, S/C.	49	11	1,900	»	1,900	»
.... 12	Id.	49	11	4,500	»	..(2,970)	»
.... 16	à E. Francis, S/C.	49	11	2,000	»	..(1,980)	»
.... 23	à Félix.	51	25	5,050	50	5,000	»
.... 29	à E. Francis, M/C.	53	13	3,048	46	3,048	46
ptemb. 2	à E. Francis, C/ à $\frac{1}{2}$.	53	15	1,000	»	...(995)	»
	Porté au F° 37			32,488	96	30,725	99

Avoir

DATES	NOMS DES DÉBITEURS. — PRÉCIS.	FOLIOS au Journal	FOLIOS au Grand-Livre	EFFETS SORTIS POUR brut		EFFETS SORTIS POUR net	
1816.							
Juillet 16	par Effets à recevoir.	43	35	990	»	990	»
Juillet 18	par Caisse.	43	27	3,000	»	2,970	»
	Porté au F° 37			3,990	»	3,960	»

Si, le 23 juillet, je donne en paiement de marchandises, 2,000 fr. sur Nantes, à 1 ½ de perte, 1,980 fr.
1,000   sur Toulouse, à 99 ½. . . . . 995. . .
Si, le 18 août, je vous remets, pour votre compte, 3,000 fr. de Lyon, à 99, soit 2,970 fr. . . . . . .
Si, le 20, je vous renvoie, faute de paiement, votre remise sur Paris de 1,000 fr. . . . .
Si, le 21, j'encaisse votre remise de 900 fr. . . . .
Si, le 26, je vous remets, pour mon compte, 3,000 fr. de Marseille, pris à 1 ½ de perte. . . . . .
Si, le 30 septembre, je veux solder ce compte, je commencerai par porter à nouveau les articles en blanc. (Il n'y a ici que les 1,500 fr. du 12 août). . . . .
je tirerai ensuite la différence des colonnes intérieures (cette différence doit cadrer avec le montant des effets restants en porte-feuille, non compris les 1,500 fr. ci-dessus) et je la porterai au crédit. . . . . . .
puis évaluant les effets sur Paris au pair, et ceux sur le dehors au prix auquel je pourrai les négocier, je porterai cette évaluation en face des 16,098 fr. 96 c. . . . .
La différence des extérieures étant alors bénéfice ou perte, je la porterai à Profits et Pertes. . . . . .

J'additionnerai. . . . .

et transporterai à nouveau le solde. . . . .
plus, l'article en blanc (1). . . . .

Pour porter cet article à nouveau je ne m'y prends pas comme dans votre compte, et cela à cause des colonnes intérieures. Or, dans tous les comptes à doubles colonnes, il faut s'y prendre comme ici, et dans les autres comme dans votre compte.

Si des effets venaient à ne pouvoir être payés que par à-compte, j'ouvrirais un compte d'*Effets en souffrance* au crédit duquel je porterais les à-comptes, ayant, au préalable, porté au débit le montant des effets par le crédit d'effets à recevoir.

On a avancé dans un ouvrage qu'on pouvait diviser Effets à recevoir par les différentes espèces d'effets, savoir *Billets à recevoir*, *Traites et Remises*, *Lettres et Billets de change*, etc. ; et Effets à payer, *Billets à payer*, *Traites*, *Billets de change à payer*, etc., je puis assurer que de pareilles divisions ne produiraient que du galimatias. Les personnes qui ne me croiront pas sur parole peuvent en essayer.

J'observerai ici qu'il est urgent de s'assurer chaque mois, si Effets à payer, Effets à recevoir et Caisse sont d'accord avec ce qui reste en caisse, à payer et à recevoir, car ces comptes, par leurs sommes, se trouvant répandus dans tous les autres, c'est leur justesse qui, moyennant la balance, fait la justesse de tous les comptes. Quant à Marchandises générales il manque de point de contrôle aussi, le négociant ne peut pas, comme le banquier, avoir la certitude qu'aucune erreur importante n'est commise sans être relevée.

Il y a des personnes qui tiennent Effets à recevoir sur simples colonnes. Mais alors les articles de négociation

---

(1) Cette balance d'effets à recevoir ne peut se faire avec facilité qu'au moyen du livre auxiliaire, appelé *Livre de numéro* ou *Copie d'effets*. Ce livre doit présenter une addition égale au total de la colonne intérieure du débit d'effets à recevoir, et en y indiquant les effets qui sont sortis d'après le crédit d'effets à recevoir, tous les effets qui ne seront pas notés devront se trouver en porte-feuille. Voyez la note ci-contre, qui donne une idée de ce livre.

Doivent — Effets à recevoir. — Avoir

DATES.	NOMS DES CRÉDITEURS.	PRÉCIS.	Journal.	Grand-Livre.	EFFETS ENTRÉS POUR brut.		net.	
1816.		Transport du F° 35 . . .	. . .	. . .	32,488	96	30,725	99
septembre. 30	à Profits et Pertes.	bénéfice sur les négociations. .	61	29	. . .		67	97
	. . .	. . .			32,488	96	30,793	96
1816. septembre. 30	à compte vieux.	effets ce jour en portefeuille. .	63	37	16,098	96	16,018	96
. . .	id.	id.	63	37	1,500	»		

DATES.	NOMS DES DÉBITEURS.	PRÉCIS.	Journal.	Grand-Livre.	EFFETS SORTIS POUR brut.		net.	
1816.		Transport du F° 35 . . .	. . .	. . .	3,990	»	3,960	»
Juillet. 23	par Marchand.ʳˢ gén.	. . .	45	31	3,000	»	2,975	»
Août. 18	par E. Francis, S/C.	. . .	49	11	3,000	»	2,970	»
20	id.	. . .	51	11	1,000	»	1,000	»
21	par Caisse.	. . .	51	27	900	»	900	»
26	par E. Francis, M/C.	. . .	53	13	3,000	»	2,970	»
Septembre. 30	par compte nouveau.	. . .	63	37	1,500	»		
	id.	. . .	63	37	16,098	96	(16,018	96)
. . .	. . .	. . .	. . .	. . .	32,488	96	30,793	96

MENTION DE LA SORTIE DE CHAQUE EFFET.

	NUMÉROS.	SOMMES.	
Journal. F° 43	1	3,000 f. » c.	sur Bordeaux au 31 août. (Copie littérale de l'effet à la suite).
45	2	2,000 »	sur Nantes, au 30 août. _Id._
43	3	990 »	sur Paris, au 20 juillet. _Id._
49	4	3,000 »	sur Lyon, au 20 septembre. _Id._
	5	5,000 »	sur Lyon, au 10 novembre. _Id._
45	6	1,000 »	sur Toulouse, au 15 septembre. _Id._
51	7	1,000 »	sur Paris, au 19 août. _Id._
51	8	900 »	sur Paris, au 21 août. _Id._
53	9	3,000 »	sur Marseille, au 15 octobre. _Id._
	10	1,500 »	sur Bordeaux, au 31 octobre. _Id._
	11	2,000 »	sur Nantes, au 20 octobre. _Id._
	12	5,050 50	sur Paris, au 20 octobre. _Id._
	13	3,040 40	sur Paris, au 20 octobre. _Id._
	14	1,000 »	sur Lyon, au 5 octobre. _Id._
		32,488 96	Total des effets entrés.
		14,890 »	Total des effets sortis.
		17,598 96	Total des effets restant en porte-feuille au 30 septembre, soit . { 1,500 { 16,098 96

se passent ainsi : si, par exemple, j'achète de Victor quatre effets de 1,000 fr., pour 3,960 fr., je crédite Victor de. . .

et débite Effets à recevoir de. . .

de plus, pour le bénéfice provenant de l'escompte, je crédite Profits et Pertes de. . .

et pour parfaire, à Effets à recevoir, les 4,000 fr. montant brut des effets, je débite ce compte de. . .

Si je négocie trois de ces effets à Siméon, pour 2,980 fr., je débite Siméon de. . .

et crédite Effets à recevoir de. . .

et pour la perte à la négociation, je débite Profits et Pertes de. . .

et crédite Effets à recevoir de. . .

mais pour parfaire les 3,000 fr.

Par ce moyen, la différence du débit au crédit indique que je dois avoir 1,000 fr. d'effets en porte feuille, et c'est ce qui existe; mais Effets à recevoir, tenu de cette manière, ne présente plus, comme on voit, que la situation du porte-feuille. Ainsi, les doubles colonnes sont préférables toutes les fois que les négociations sont fréquentes, parce qu'alors on ne fait plus qu'un article de Profits et Pertes là où l'on en ferait vingt ou trente.

Lorsqu'on a peu de valeurs sur l'étranger, on ferait mieux, je crois, d'ajouter une colonne intérieure à Effets à recevoir sur doubles colonnes, que d'ouvrir un compte de plus.

Il est encore d'autres comptes d'entrepôt que l'on peut ouvrir, tels que *Fonds publics, Contrats à la grosse,* etc.; mais ce n'est toujours qu'Effets à payer, Effets à recevoir, Marchandises générales sous d'autres noms.

CHAPITRE XI.

Du Journal.

Je me propose d'indiquer le plus clairement et le plus simplement qu'il me sera possible ce que j'ai à faire au Grand-Livre. Or, vous savez, 1° que le négociant et la personne sont le débiteur et le créditeur; 2° que lorsqu'une somme ne peut ou ne doit aller à l'un ou à l'autre, on la porte à un compte d'entrepôt; 3° que le nom de l'objet indique ce compte, et là où la somme doit aller, si c'est au débit ou au crédit qu'elle doit être entreposée; 4° que, lorsque l'on a à débiter et à créditer un compte en même temps, et de la même somme, on s'abstient de le faire lorsqu'on le peut sans nuire aux utilités particulières; 5° que plusieurs comptes ont des colonnes intérieures; comment on se sert de ces colonnes; enfin, ce que l'on a à faire au Grand-Livre (1).

____

(1) Je conseille, avant d'aller plus loin, de relire avec attention le chapitre II.

DOIT	VICTOR.	AVOIR	DOIV. EFFETS A RECEV. AV.		DOIV. PROF. ET PERT. AV.		DOIT	SIMÉON.	AVOIR
	3,960	»	3,960	»					
			40	»		40	»		
								2,980	»
			2,980	»	20	»			
			20	»					

Des affaires que le négociant fait avec des personnes non correspondantes.

Si, le 1er juillet, j'achète, contre écus, 1,500 kilogrammes de garance 3,000 fr., je dois, 1° pour la marchandise que je reçois, créditer le vendeur de. . . . .
et, ne pouvant me débiter, débiter Marchandises générales. *Débiter*, parce que cette somme doit aller à mon débit; *Marchandises générales*, parce que c'est de la marchandise.
2° Pour l'argent que je donne, je dois débiter le vendeur de.
et me créditer, c'est-à-dire, créditer la Caisse. . . . .
3° Elider le débit et le crédit du vendeur qui serait débité et crédité en même temps, et de la même somme, et, comme il ne reste que la Caisse à créditer, et Marchandises générales à débiter de 3,000 fr., je porte au Journal, pour l'exprimer . . . .

CRÉDIT de la Caisse.	DÉBIT de Marchand. générales.	DÉBIT du vendeur.	CRÉDIT du vendeur.
. . . . .	. . . . .	. . . . .	3,000 »
. . . . .	3,000 »	. . . . .	
. . . . .	. . . . .	3,000 »	
3,000 »			
. . . . .	. . . . .	. . . . .	. . . . .

Si, le 3 juillet, j'achète un boucaut de café 1,000 fr., et que je donne en paiement mon billet à trois mois, je dois,
1° pour la marchandise que je reçois, créditer le vend.r de. .
et, ne pouvant me débiter, débiter Marchandises génér. de.
2° Pour mon billet que je donne, débiter le vendeur de. .
et, ne pouvant me créditer, créditer Effets à payer. . . .
3° Elider le débit et le crédit du vendeur, et porter. .

CRÉDIT d'Effets à payer.	DÉBIT de Marchand. générales.	DÉBIT du vendeur.	CRÉDIT du vendeur.
. . . . .	. . . . .	. . . . .	1,000 »
. . . . .	1,000 »	1,000 »	
1,000 »			
. . . . .	. . . . .	. . . . .	. . . . .

Si, le 4 juill., je vends cette balle de café 1,200 f. comptant, je dois, 1° pour la marchand.se que je livre, débiter l'achet.r de.
et, ne pouvant me créditer, créditer Marchandises génér. de.
2° Pour l'argent que je reçois, créditer l'acheteur de. . .
et me débiter, c'est-à-dire, débiter la Caisse. . . . . .
3° Elider le débit et le crédit de l'acheteur, et porter. .

DÉBIT de la Caisse.	CRÉDIT de Marchand. générales.	DÉBIT de l'acheteur.	CRÉDIT de l'acheteur.
. . . . .	. . . . .	1,200 »	. . . . .
. . . . .	1,200 »	. . . . .	1,200 »
1,200 »			
. . . . .	. . . . .	. . . . .	. . . . .

Si, le 5 juillet, je prends contre espèces,

   3,000 f. de Bordeaux, à 98 ½, soit. 2,955 »
   2,000 de Nantes, à 99 . . . 1,980 »
    990 de Paris, à 99 ¼ . . . 987 53
   ———————————————
   5,990   5,922 53

je dois, 1° pour le papier que je reçois, créditer le cédant de.
et, ne pouvant me débiter, débiter Effets à recevoir, dans la colonne extérieure, de. . . . . .
et dans l'intérieure, de 5,990.
2° Pour l'argent que je donne, débiter le cédant de. .
et me créditer, c'est-à-dire, créditer la Caisse. . . . .
3° Elider le débit et le crédit du cédant, et porter. .

CRÉDIT de la Caisse.	DÉBIT d'Effets à recevoir.	DÉBIT du vendeur.	CRÉDIT du vendeur.
. . . . .	. . . . .	. . . . .	5,922 53
. . . . .	5,922 53	. . . . .	
. . . . .	. . . . .	5,922 53	
5,922 »			
. . . . .	. . . . .	. . . . .	. . . . .

(1) Cette manière d'indiquer ne dit pas de faire, elle exprime simplement ce qui est ; mais ce n'est toujours qu'une manière d'indiquer, et elle n'est préférable qu'en ce qu'elle est la plus simple.

(2) Le folio de Marchandises générales est 31, celui de Caisse 27 : on met donc le folio du débiteur dessus le trait —, et celui du créditeur dessous. Les points . ne se mettent que lorsque les articles sont portés aux comptes. Comme dans la pratique le Grand-Livre se fait d'après le Journal, on fera bien, lorsqu'on aura lu ce chapitre, d'aller voir, par le moyen de ces folios, comment les articles sont rapportés aux comptes.

(3) Les titres indiquant déjà les affaires en grande partie, beaucoup de détails me paraissent inutiles. Caisse dit ici que j'ai payé; Marchandises générales, que c'est pour de la marchandise ; il ne reste donc plus qu'à indiquer la marchandise, la quantité et le prix. Souvent même on ne met que la date de la facture, le nom du vendeur, et le terme.

Folios des comptes au Grand-Livre.

A porter

	dans les colonnes intérieures des comptes		dans les colonnes extérieures.
	d'entrepôt.	de correspond^s.	

Du 1er juillet 1816.

(2)
31.
—
27.

Marchandises générales à Caisse (1).

    Facture de Vernon à 1,500 kilogram. de garance (3.) . . . . 3,000 »

Du 3 dit.

31.
—
33.

Marchandises générales à Effets à payer.

    Remis à Adolphe en paiem^t d'un boucaut de café,
M/B^{et} à son ordre au 9 octobre prochain, de . . . . 1,000 »

Du 4 dit.

27.
—
31.

Caisse à Marchandises générales.

    Vente à Hubert d'un boucaut de café pour . . . . 1,200 »

Du 5 dit.

35.
—
27.

Effets à recevoir à Caisse.

	d'entrepôt	de correspond		extérieures	
	(4)				
Pris de Maurice sur Bordeaux, à 98½ 31 août .	3,000	» »	. . . . .	2,955	»
Nantes, à 99 30 août .	2,000	» »	. . . .	1,980	»
Paris, à 99¼ 20 juillet .	999	» »	. . .	987	53
	5,990	» » net!	. . . .	5,922	53

---

(4) Les personnes qui ne se rappelleront pas suffisamment ce qui doit être porté dans les colonnes intérieures des comptes, pourront le voir aux comptes mêmes.

Si, *le 8 juillet*, je reçois en paiement de 1,500 kilogrammes de garance, 3,000 fr. de Lyon à 1 ½ ⁒ de perte, je
dois, 1° pour la marchandise que je vends, débiter l'acheteur de. . . . .
et, ne pouvant me créditer, créditer Marchandises générales.
2° Pour l'effet que je reçois, créditer l'acheteur de. .
et, ne pouvant me débiter, débiter Effets à recevoir dans
la colonne extérieure, de. . . . .
et dans l'intérieure de 3,000 fr.
3° Elider le débit et le crédit de l'acheteur, et porter.

	DÉBIT d'Effets à recevoir.	CRÉDIT de Marchand. générales.	DÉBIT de l'acheteur.	CRÉDIT de l'acheteur.
			2,970 »	
		2,970 »		
				2,970 »
	2,970 »			

Si, *le 12 juill.*, je prends 5,000 fr. de Lyon,
à 1 ½ ⁒ de perte, soit 4,950 f., et que je donne en
paiement 3,000 fr. en mon billet à trois mois,
et le reste en espèces, je dois, 1° pour l'effet
que je reçois, créditer le cédant. . .
et ne pouvant me débiter, débiter Effets à recevoir dans la colonne extérieure, de. .
et dans l'intérieure de 5,000 fr.
2° Pour mon billet que je donne, débiter le
vendeur de. . . . .
et, ne pouvant me créditer, créditer Effets à
payer. . . . .
3° Pour l'argent que je donne, débiter le
vendeur de.
et me créditer, c'est-à dire, créditer la Caisse.
4° Elider le débit et le crédit du cédant, et
comme il y a Effets à recevoir à débiter, et Caisse
et Effets à payer à créditer, je porterai. .

	CRÉDIT de la Caisse.	DÉBIT d'Effets à recevoir.	CRÉDIT d'Effets à payer.	DÉBIT du vendeur.	CRÉDIT du vendeur.
					4,950 »
		4,950 »			
				3,000 »	
			3,000 »		
				1,950 »	
	1,950 »				

Si, *le 16 juillet*, je prends 1,000 fr. de Toulouse à 99, et
que je les paie avec un effet sur Paris, de 990 fr., je dois,
1° pour l'effet que je reçois, créditer le cédant de. . . .
et, ne pouvant me débiter, débiter Effets à recevoir dans la
colonne extérieure de. . . . .
et dans l'intérieure de 1,000 fr.
2° Pour l'effet que je donne en paiement, débiter le vendeur qui le reçoit de. . . . .
et, ne pouvant me créditer, créditer Effets à recevoir dans
les deux colonnes, de. . . . .
3° Elider le débit et le crédit du cédant, et porter. . .

	DÉBIT d'Effets à recevoir.	CRÉDIT d'Effets à recevoir.	DÉBIT du vendeur.	CRÉDIT du vendeur.
				990 »
	990 »			
			990 »	
		990 »		

Nota. Vous avez vu, page 34, pour quelle raison je n'élide pas le
débit et le crédit d'Effets à recevoir.

Si, *le 18 juillet*, je négocie 3,000 fr. de Bordeaux
à 99, soit 2,970, je dois, 1° pour l'effet que je donne,
débiter l'acheteur de. . . . .
et, ne pouvant me créditer, créditer Effets à recevoir dans la
colonne extérieure de . . . .
et dans l'intérieure, de 3,000 fr.
2° Pour l'argent que je reçois, créditer l'acheteur de. .
et me débiter, c'est-à-dire, débiter la Caisse. . . . .
3° Elider le débit et le crédit de l'acheteur, et porter.

	DÉBIT de la Caisse.	CRÉDIT d'Effets à recevoir.	DÉBIT de l'acheteur.	CRÉDIT de l'acheteur.
			2,970 »	
		2,970 »		
				2,970 »
	2,970 »			

Folios des comptes au Grand-Livre.		A porter		
		dans les colonnes intérieures des comptes.		dans les colonnes extérieures.
		d'entrepôt. — N° 1.	de corresponds. — N° 2.	N° 3.
25. / 31.	**Du 8 juillet 1816.** **Effets à recevoir à Marchandises générales.** Reçu de Ferdinand en paiem.ᵗ de 1,500 kil. de garance, S/R.ᵉ sur Lyon, au 20 septemb. à $1\,^o/_o$ de perte. . .	3,000 » »	. . . .	2,970 »
35.	**Du 12 dit.** **Effets à recevoir aux suivans.** Pour un effet sur Lyon, au 10 novembre, pris de Charles, à 99	5,000 » »		
33.	à Effets à payer, M/B.ᵉᵗ O/Charles, 20 octobre. . .	. . .	3,000 »	
27.	à Caisse, remis à Charles pour solde	. . .	1,950 » } 4,950 »	
35. / 35.	**Du 16 dit.** **Effets à recevoir à Effets à recevoir.** Pour un effet sur Toulouse, au 15 septembre, pris de Gustave à 99	1,000 » »		
	et payé avec le n° 3, S/Paris, au 20 courant	990 » »	. . .	. . .	990 »
27. / 35.	**Du 18 dit.** **Caisse à Effets à recevoir.** Négocié à Henri, n° 1 S/Bordeaux, au 31 août à 99.	3,000 » »	. . . .	2,970 »

Nᵒˢ 1, 2, 3. Je n'ai fixé l'emploi de ces colonnes par des titres, que pour rendre les explications plus claires et plus précises. Cette précaution m'a paru nécessaire pour les personnes qui ne connaissent pas la tenue des livres. Plus tard, on verra qu'il serait inutile, dans la pratique, d'imiter cette exactitude scrupuleuse, c'est-à-dire, de ne porter, par exemple, dans la colonne n° 1 que les sommes qui sont à mettre dans les colonnes intérieures des comptes d'entrepôt.

Si, *le 23 juill.*, je donne en paiem* de 5o kil. de cochenille, 2,000 f. sur Nantes, à 1 ½ ⁰⁄₀ de perte, soit 1,980 » 1,000 sur Lyon, à ¼ ⁰⁄₀ de perte, soit 995 »

	DÉBIT de Marchand. générales.	CRÉDIT d'Effets à recevoir.	DÉBIT du vendeur.	CRÉDIT du vendeur.
je dois, 1° pour la marchandise que je reçois, créditer le vendeur de.				2,975 »
et, ne pouvant me débiter, débiter Marchandᵉˢ générales . .	2,975 »			
2° Pour le papier que je donne, débiter le vendeur de. . .			2,975 »	
et, ne pouvant me créditer, créditer Effets à recevoir dans la colonne extérieure, de.		2,975 »		
et dans l'intérieure de 3,ooo fr.				
3° Elider le débit et le crédit du vendeur, et porter (1) . .				

Si, *le 24 juillet*, je paie pour appointemens 200 fr., je dois me créditer, c'est-à-dire, créditer la Caisse, et je dois aussi me débiter, puisque c'est pour moi que je donne ; je débite donc Profits et Pertes, puisque les appointemens sont des frais qui entrent en déduction des bénéfices, je porte . . . .

Il en est de même de tous les frais que le banquier paie pour lui, j'en excepte ses dépenses particulières qu'il porte en général à un compte qu'il s'ouvre sous son propre nom.

(1) Il y a encore des articles plus elliptiques ; mais il ne s'agit toujours que de considérer le négociant et la personne pour chaque chose donnée et reçue.

	DÉBIT d'Effets à payer.	CRÉDIT de Siméon.	DÉBIT d'Effets à recevoir.	DÉBIT de Ferdinand.	CRÉDIT de Ferdinand.
Si je vends à Ferdinand, pour le compte de Siméon, 3o douzaines de maroquins à 8o fr. la douzaine, et que je reçoive en paiement deux effets sur moi ; l'un de 1,800 f. Tᵗᵉ de Georges, avisée et par conséquent passée à Effets à payer ; l'autre de 6oo fr., Bᵗ Gustave, non avisé, je dois, 1° pour la marchandise que je livre, débiter Ferdinand de				2,400 »	
et créditer Siméon, puisque c'est pour lui que je vends.		2,400 »			
2° Créditer Ferdinand de la remise qu'il m'a faite					2,400 »
et, ne pouvant me débiter, débiter Effets à recevoir.			2,400 »		

	DÉBIT d'Effets à payer.	CRÉDIT de Siméon.	CRÉDIT d'Effets à recevoir.	DÉBIT de la Caisse.	CRÉDIT de la Caisse.
3° Mais la traite de Georges est sur moi, et elle est avisée ; lorsque je la paierai, je devrai donc créditer la Caisse et débiter Effets à payer : ainsi, devançant le moment, je porte.	1,800 »				1,800 »
4° Mais en la payant, j'encaisse l'effet qui m'a été remis, j'écris donc			1,800 »	1,800 »	

	DÉBIT de Gustave.	CRÉDIT de Siméon.	DÉBIT d'Effets à recevoir.	DÉBIT de la Caisse.	CRÉDIT de la Caisse.
5° Le billet de Gustave est payable à mon domicile, et n'est pas avisé. Or, si je le payais, je devrais débiter Gustave et créditer la Caisse, je porte donc.	6oo »				6oo »
6° Mais en le payant, j'encaisse la remise qui m'a été faite, ainsi je porte			6oo »	6oo »	
J'élide les sommes bâtonnées, et je porte . .					

A porter

Folios des comptes au Grand-Livre.		dans les colonnes intérieures des comptes.		dans les colonnes extérieures.	
		d'entrepôt.	de correspond^s.		

Du 23 juillet 1816.

Marchandises générales à Effets à recevoir.

Acheté de Ferdinand 5o kilog. de cochenille payés comme suit :

Folio		d'entrepôt	de correspond.	extérieures	
31. — 37.	n° 2 sur Nantes au 3o août, à 99.	2,000 » »	. . . . .	1,980 »	
	6 sur Toulouse au 15 septembre, à 99 ½.	1,000 » »	. . . . .	995 »	
	Du 24 dit.	3,000 » » net	. . . . .	2,975	»
29. — 27.	**Profits et Pertes à Caisse.** Remis à Jules pour ses appointemens de juillet.	. . . . .	. . . . .	200	»

Les suivans à Siméon.

Pour 3o douzaines de maroquins vendues à Ferdinand, à 8o fr. la douzaine.

		d'entrepôt	de correspond.	extérieures	
	Effets à payer, reçu de Ferdinand, traite Georges sur moi, au 31 courant . . .	. . . .	. . . .	1,800 »	} 2,400 »
	Gustave, S/Bⁿ à M/D^e, au 15 sept. reçu de Ferdinand.	. . . .	. . . .	6oo »	

Des affaires que le négociant fait avec ses correspondans.

De celles qu'il fait pour leur compte.

Si, le 24 *juillet*, je m'aperçois que j'ai omis de passer les 9,000 fr. que j'ai reçus d'Adolphe pour le compte de Francis, le 1ᵉʳ courant, je porterai, puisque je dois créditer Francis et me débiter . . . .

Si, le 24 *juillet*, vous m'écrivez que vous tirez sur moi, pour votre compte, 2,000 fr. au 28 courant, je dois vous débiter, et, ne pouvant me créditer, créditer Effets à payer, je porterai . . . .

Si, le 25 *juillet*, je paie pour 10 fr. de ports de lettres, je dois me créditer, c'est-à-dire, créditer la Caisse, et, en attendant que je puisse débiter les personnes, débiter Profits et Pertes . . . .

Si, le 26 *juillet*, vous me chargez de tenir compte à Eugène de 900 fr., et que je sois en correspondance avec lui, je dois le créditer de cette somme si je ne la lui remets pas, et vous en débiter, puisque j'en tiens compte pour vous, je porte donc . . . .

Si, le 27 *juillet*, je vends à Eugène, et à crédit, 30 douzaines de basanes appartenantes à Valentin, je dois débiter Eugène pour la marchandise qu'il reçoit; et créditer Valentin du produit de cette même marchandise, car c'est pour lui que je vends et non pour moi : si la vente s'élève à 600 fr. je porte donc . . . .

Je remarquerai, à cette occasion, que souvent le travail du Journal dépend moins des règles que l'on peut donner pour trouver les débiteurs et les créditeurs, que de certaines marches que l'on adopte. En effet, si j'étais lié d'intérêt avec Gustave, et qu'au lieu de le créditer du produit de ses marchandises, par le débit des acheteurs, je lui remisse des comptes de vente, je le créditerais du net des dits comptes de vente par le débit de Marchandises générales, ayant, au préalable, crédité Marchandises générales au fur et à mesure des placemens par le débit des acheteurs. Voyez Correspondans divers, pag. 24, 25, et Marchandises générales, pag. 30, 31. Si donc, le 27 juillet, je vends à Maxime 15 douzaines de maroquins appartenans à Georges, je dois débiter Maxime pour la marchandise qu'il reçoit, et, en attendant que je puisse créditer Georges, créditer Marchandises générales, je porte. . . . .

Si, le 28 *juillet*, je vends à Victor 5 douzaines de maroquins appartenans à Gustave, je porte également . . . .

Si, le même jour, je remets à Georges, le compte de vente de ses 15 douzaines de maroquins, soit net 1,600 fr., je dois le créditer de cette somme, et, ne pouvant me débiter, débiter Marchandises générales, je porte . . . .

Folios des comptes au Grand-Livre.		A porter		
		dans les colonnes intérieures des comptes		dans les colonnes extérieures.
		d'entrepôt.	de correspond^s.	
27. — 11.	**Du 24 juillet 1816.** **Caisse à E. Francis, S/C^e.** Reçu d'Adolphe le 1er courant.			9,000 ||
11. — 33.	**Du 24 dit.** **E. Francis S/C^e à Effets à payer.** S/T^te O/Batiste au 28 courant.			2,000 ||
29. — 27.	**Du 25 dit.** **Profits et Pertes à Caisse.** Pour divers ports de lettres			10 ||
11. — 25.	**Du 26 dit.** **E. Francis S/Cte à Eugène.** Pour autant dont je tiens compte à ce dernier valeur ce jour.			900 ||
25. — 25.	**Du 27 dit.** **Eugène à Valentin.** Pour 30 douzaines de basanes à 20 f. payables à 3 mois.			600 ||
25. — 1.	**Du dit.** **Maxime à Marchandises générales.** 15 douzaines de maroquins de G. à 120 f. la douzaine.			1,800 ||
25. — 31.	**Du 28 dit.** **Victor à Marchandises générales,** 5 douzaines de maroquins de G^e à 120 f. la douzaine.			600 ||
31. — 25.	**Du dit.** **Marchandises générales à Georges.** M/Cte de vente valeur ce jour			1,600 ||

Si, *le 28 juillet*, je paie votre traite ordre Batiste, de 2,000 fr. je dois me créditer, c'est-à-dire, créditer la Caisse, et ne pas vous débiter, puisque je l'ai déjà fait : je débite donc Effets à payer, je porte . . . .

Si, *le 31 juillet*, je paie, *sans avis*, pour le compte de Valentin son mandat, ordre André, de 600 fr., je dois le débiter, puisque je ne l'ai pas encore fait, et me créditer, c'est-à-dire, créditer la Caisse. . . . .

Les banquiers appellent cette manière de passer les articles, *passer directement*. C'est, comme vous voyez, lorsque, dérogeant à la coutume, ils ne se servent pas des comptes d'entrepôt (1). M. B★★, dans son *Esprit de la tenue des livres*, condamne ce genre d'abréviations : il veut que la traite figure à Effets à payer, et qu'ainsi elle soit portée en même temps au débit et au crédit de ce compte, « parce que, dit-il, il est utile qu'à l'époque » où le comptable fait son inventaire, il sache qu'elle y a passé. » Mais qu'en résulte-t-il? que le comptable est à même de dire : *J'ai payé pour telle somme de traites, de billets, de mandats*. Ce n'est pas les effets *payés*, c'est les effets *à payer* que ce compte doit présenter; son titre l'indique, et, pour cela, je ne vois pas l'utilité d'y porter un effet qui n'est plus à payer. Par extension, on dit *passé directement* toutes les fois qu'il y a ellipse. Ainsi une vente au comptant qui va simplement au débit de la Caisse, et au crédit de Marchandises générales, est un article direct.

Si, *le 8 août*, vous me remettez sur Paris, pour votre compte, un effet de 1,000 fr. et un de 900 fr., je dois vous créditer, et, ne pouvant me débiter, débiter Effets à recevoir . . . .

Si, *le 12 août*, vous me remettez 3,000 fr. sur Marseille, et 1,500 fr. sur Bordeaux, je porte également. . . . . .

Si je vous écris que je prends les 3,000 fr. à 1 ⅛ de perte, j'ajoute . . . .

et, lorsque je solde votre compte, si les 1,500 fr. ne sont pas négociés, je mets devant : *à nouveau;* et je sors les 2,970 fr. dans la dernière colonne . . . .

J'ai déjà fait remarquer que lorsque je tire c'est comme si l'on me remettait.
Si, *le 16 août*, je tire sur vous, pour votre compte, à mon ordre, 2,000 fr., je porte donc . . . .

et si je vous écris que je prends cette traite à 99, j'ajoute . . . .
Comme on ne tire en général que lorsqu'on est sûr de négocier, souvent les traites ne passent pas à Effets à recevoir ; on crédite le correspondant du produit de la négociation directement par Caisse, par Effets à recevoir ou par la personne à qui l'on cède la traite suivant comme l'on a vendu. Voyez pag. 52 et 53, un article de ce genre intitulé : *Camille S/C^e à Francis M/Cte*.

Si, *le 18 août*, je vous remets 3,000 fr. de Lyon à 1 ⅛ de perte, je dois vous débiter, et, ne pouvant me créditer, créditer Effets à recevoir dans la colonne extérieure, de 2,970 fr.; dans l'intérieur, de 3,000 fr. . . . .

(1) C'est Effets à payer, Effets à recevoir, Marchandises générales et Profits et Pertes, ainsi que je l'ai dit chapitre II.

Folios des comptes au Grand-Livre.		A porter		
		dans les colonnes intérieures des comptes		dans les colonnes extérieures.
		d'entrepôt.	de correspond.	
	Du 28 juillet 1816.			
33.	**Effets à payer à Caisse.**			
27.	Traite de Francis, ordre Batiste.)			2,000 »
25.	**Du 31 dit.**			
27.	**Valentin à Caisse.**			
	S/M' O/André, sans avis.			600 »
	Du 8 août.			
35.	**Effets à recevoir à E. Francis S/C.**			
11.	S/R" sur Paris, B' Robin, au 19 courant	1,000	» »	1,000 » } 1,900 »
	Id. B' Adrien, 19 courant	900	» »	900 »
	(1)	1,900	» »	
35.	**Du 12 dit.**			
11.	**Effets à recevoir à E. Francis S/C.**			
	S/R' sur Marseille, au 15 octobre, à 99. . . .	3,000	» »	(2,970) » } (2,970) »
	sur Bordeaux, au 31 octobre	1,500	» »	*à nouveau.*
		4,500	» »	
35.	**Du 16 dit.**			
11.	**Effets à recevoir à E. Francis S/C.**			
	M/T" O/moi-même, au 20 octobre, à 99. . . .	2,000	» »	(1,980) »
11.	**Du 18 dit.**			
37.	**E. Francis, S/C, à Effets à recevoir.**			
	N° 4, M/R' sur Lyon, au 20 septembre, à 99. . . .	3,000		2,970 »

(1) Quand c'est la même somme que l'on a à porter dans la colonne extérieure et dans la colonne intérieure d'un compte, on ne la répète pas au Journal. Ainsi un teneur de livres retrancherait ces 1,000 — 900 — 1,900 fr., il ne laisserait que les sommes portées à l'extrémité de la ligne.

Si, *le* 19 *août*, je remets à Maurice 300 fr. pour le compte d'Eugène, je dois débiter ce dernier et me créditer, c'est-à-dire, créditer la Caisse, je porte . . . .

Si, *le* 20 *août*, je vous renvoie, faute de paiement, votre remise de 1,000 f., soit avec frais de protêt 1,010 f., je dois, 1° vous débiter du montant de l'effet, et, ne pouvant me créditer, créditer Effets à recevoir; 2° pour les 10 fr. payés à l'huissier (1), je dois vous débiter et me créditer, c'est-à-dire, créditer la Caisse, je porte . . . .

Si, *le* 21 *août*, j'encaisse l'effet n° 8, B* Adrien que vous m'avez remis, je dois me débiter, c'est-à-dire, débiter la Caisse, et, ne pouvant vous créditer, puisque je l'ai déjà fait, créditer Effets à recevoir. . . . .

Si, *le* 22, j'achète de Paul 100 kilogrammes de cannelle à 30 fr., je dois le créditer, et, ne pouvant me débiter, débiter Marchandises générales . . . .

Si, *le* 23 *août*, je prends de Félix un effet sur Paris, au 20 octobre, de 5,050 fr. 50 c. à 1 ½ de perte, je dois le créditer, et, ne pouvant me débiter, débiter Effets à recevoir. . . . .

Si, le même jour, je règle la facture de Paul, payable à cinq mois, en mon billet de 2,970 f. à trois mois, soit 30 f. de différence pour avance de paiement de soixante jours, je dois, 1° débiter Paul de mon billet à son ordre, et, ne pouvant me créditer, créditer Effets à payer; 2° pour l'escompte de 30 fr., dont je bénéficie, je dois débiter Paul et me créditer; c'est-à-dire, créditer Profits et Pertes . . . .

Si, *le* 24 *août*, Cheridam de Naples m'avise sa traite de 3,000 fr., au 10 octobre, pour compte de Camille, je dois débiter ce dernier, et, en attendant que je puisse me créditer, créditer Effets à payer . . . .

Si, *le* 25 *août*, je paie en espèces le bordereau de Félix, je dois débiter Félix et me créditer, c'est-à-dire, créditer la Caisse . . . .

J'observerai ici que les raisonnemens en tenue de livres se font presque toujours abstraction faite des affaires qui ont précédé. Ainsi quoique je ne fasse que m'acquitter envers Félix en lui payant ces 5,000 f., j'agis et je raisonne comme si je ne lui devais rien.

Si, *le* 25 *août*, je paie, par intervention pour l'honneur de votre signature, un billet Savary de 5,000 fr., avec frais de protêt 5,010 fr. (2), et avec frais de compte de retour 5,090 fr., je dois, 1° pour les 5,010 fr. que je paie vous débiter, et me créditer, c'est-à-dire, créditer la Caisse, 2° pour les 80 fr. de bénéfice que je fais sur le compte de retour, vous débiter et me créditer, c'est-à-dire, créditer Profits et Pertes, je porte donc . . . .

---

(1) et (2) Les frais d'huissier se payant ordinairement par mémoire, on devrait les porter à Profits et Pertes, et lorsqu'on renvoie un effet, débiter le correspondant tout simplement par Effets à recevoir. On porterait, dans la colonne intérieure de ce compte, le montant de l'effet, et dans l'extérieure le capital et les frais.

Les rabais et les escomptes sur les factures, peuvent se passer de la même manière lorsque les factures sont payées avec des valeurs de porte-feuille.

Si, par exemple, je dois à Georges 3,647 fr. 50 c., et que je lui donne pour solde 3,600 fr. en effets, je débite Georges de 3,647 fr. 50 c. et crédite Effets à recevoir dans la colonne extérieure, de 3,647 fr. 50 c., dans l'intérieure de 3,600 fr.

Folios des comptes au Grand-Livre.		A porter	
		dans les colounes intérieures des comptes	dans les colonnes extérieures.
		d'entrepôt. de corresponds.	

Folio	Écriture	d'entrepôt	de corresponds.	extérieures
	Du 19 août 1816.			
25. — 27.	Eugène à Caisse.			
	Remis à Maurice			300 »
	Du 20 dit.			
11.	E. Francis S/Cte aux suivans.			
	P^r renvoi, faute de paiem^t, de S/R^e sur Paris, n° 7.			
37.	à Effets à recevoir, n° 7, B^t Robin, au 19 courant .	1,000 » »	1,000 »	1,010 »
27.	à Caisse, frais de protêt		10	
	Du 21 dit.			
27. — 37.	Caisse à Effets à recevoir.			
	Encaissement du n° 8, billet Adrien	900 » »		900 »
	Du 22 dit.			
31. — 25.	Marchandises générales à Paul.			
	100 kilog. de cannelle à 30, payable à cinq mois .			3,000 »
	Du 23 dit.			
35. — 25.	Effets à recevoir à Félix.			
	Pris de Félix, à 1 $\frac{0}{0}$ de perte, billet Adolphe, au 20 octobre	5,050 50 »		5,000 »
	Du dit.			
25.	Paul aux suivans.			
	Paiement de la facture du 22 courant.			
33.	à Effets à payer, M/B^t à S/O, au 22 novembre . .		2,970 »	3,000 »
29.	à Profits et Pertes, escompte de deux mois . . .		30 »	
	Du 24 dit.			
25. — 33.	Camille à Effets à payer.			
	Traite Cheridam de Naples, à S/O, au 10 octobre .			3,000 »
	Du 25 dit.			
25. — 27.	Félix à Caisse.			
	Net de son bordereau du 23 courant			5,000 »
	Du 25 dit.			
11.	E. Francis S/Cte aux suivans.			
	P^r mon intervention à un B^t Savary, échu le 20.			
27.	à Caisse, billet Savary de 5,000 f. avec frais de protêt .		5,010	5,090 »
29.	à Profits et Pertes, bénéfice du compte de retour . .		80	

Si Gustave me doit 4,587 fr. 50 c. et qu'il me donne pour solde 4,500 fr. en effets, je le crédite de 4,587 fr. 50 c. et débite Effets à recevoir, dans la colonne extérieure, de 4,587 fr. 50 c., dans l'intérieure, de 4,500 fr.

Cela éviterait beaucoup d'articles de Profits et Pertes sans nuire à la clarté des écritures. On m'objectera sans doute que par là je mêle la perte faite sur ce papier et celle provenant des escomptes sur les marchandises; mais je répondrai que, laisser escompter ses factures par les acheteurs, ou bien escompter les règlemens des acheteurs à d'autres personnes, c'est la même chose; et que, si dans ce dernier cas, je laisse sans scrupule la perte provenant de l'escompte à Effets à recevoir, je ne vois pas pourquoi dans le premier je n'y laisserais pas aussi l'escompte fait sur les marchandises.

Des affaires que le négociant fait avec ses correspondans pour son compte,
et de compte à demi.

Si, *le 25 août*, Anselme d'Amsterdam m'envoie, pour mon compte, un effet échu de 10,450 f., pris à $57\frac{1}{2}$ deniers de gros pour 3 fr., soit 4,992 fl. 15 sous 9 pennins, je ne porterai pas cet effet à Effets à recevoir, parce que si, le matin, je le faisais figurer au débit de ce compte, le soir je serais obligé de le mettre au crédit : j'attendrai donc de l'avoir encaissé, et alors je passerai l'article directement . . . .

Si, *le 25 août*, je remets à Camille, pour son compte, et à $99\frac{1}{2}$, ma traite de 10,000 f. à M/O, au 5 octobre, faite sur Francis pour M/Cte, je dois, 1° pour ma traite, créditer Francis, et ne pouvant me débiter, débiter Effets à recevoir ; 2° pour la remise que je fais à Camille, le débiter, et, ne pouvant me créditer, créditer Effets à recevoir ; 3° élider le débit et le crédit d'Effets à recevoir, et porter . . . .

Si, *le 26 août*, je vous envoie, pour mon compte, 3,000 fr. de Marseille, et que je les aie pris à $1\frac{\circ}{\circ}$ de perte, je porterai. . . . .

Si vous m'écrivez que vous les avez négociés au pair, j'ajouterai . . . .

Si, *le 27 août*, vous m'écrivez que vous tirez sur moi, pour mon compte, 10,000 fr. à $\frac{1}{8}\frac{\circ}{\circ}$ de perte, je dois vous débiter, et, ne pouvant me créditer, créditer Effets à payer . . . .

Si, *le 29 août*, vous me remettez sur Paris, pour mon compte, 3,048 fr. 46 c. à $2\frac{\circ}{\circ}$ de perte . . . .

Si, *le 31 août*, je vous envoie, pour le compte à demi, 32 kilogrammes de cochenille, je dois débiter le Cte à $\frac{1}{2}$, et, ne pouvant me créditer, créditer Marchandises générales . . . .

Si vous m'écrivez que vous les avez vendus 2,200 fr., j'ajouterai . . . .

Si, *le 2 septembre*, vous me remettez, pour le compte à demi, 1,000 fr. de Lyon, à 99 . . . .

Si je vous écris que je les prends ou que je les négocie à $99\frac{1}{2}$, j'ajouterai. . . . .

Si, *le 6 septembre*, j'achète de Maxime 10 balles de laine, pour le compte à demi, je dois débiter le Cte à $\frac{1}{2}$ et créditer Maxime, je porte . . . .

Si, *le 15 septembre*, je vends à Fabien ces 10 balles pour 9,600 fr. . . . .

Vous voyez que pour rendre raison de ce qui est porté ici pour être mis dans les colonnes intérieures, il faudrait que je rappelasse le but que l'on se propose dans chaque compte, et comment on le remplit. Vous remarquerez en outre, que si toutes les affaires doivent figurer au Journal, chaque article ne peut pas toujours avoir un débiteur et un créditeur.

Folios des comptes au Grand-Livre	Désignation	A porter — colonnes intérieures des comptes : d'entrepôt			A porter — colonnes intérieures des comptes : de correspondᵗ			colonnes extérieures	
	Du 25 août 1816.								
27. ⁄ 25.	**Caisse à Anselme M/Cte.** S/Re échue et encaissée prise à 57 ½				4,992	15	9	10,450	»
	Du dit.								
25. ⁄ 13.	**Camille S/Cte à E. Francis M/Cte.** M/Re en M/Te à M/O S/Francis, au 5 oct., à 99 ½				10,000	»	»	9,950	»
	Du 26 dit.								
13. ⁄ 37.	**E. Francis M/Cte à Effets à recevoir.** M/Re, n° 9, sur Marseille, 15 octob., à 99 .et (100)	3,000	»	»	(3,000)	»	»	2,970	»
	Du 27 dit.								
13. ⁄ 33.	**E. Francis M/Cte à Effets à payer.** S/Te O/Maurice, au 10 octobre, à 99 ⅞				9,987	50	»	10,000	»
	Du 29 dit.								
35. ⁄ 13.	**Effets à recevoir à E. Francis M/Cte.** S/Re Bt André, 20 novembre, à 2 ⅖ de perte	3,048	46	»	2,987	50	»	3,048	46
	Du 31 dit.								
15. ⁄ 31.	**E. Francis Cte à ½ à Marchandises générales.** Ma facture à 32 kilog. de cochenille	»	»	»	(2,200)	»	»	2,000	»
	Du 2 septembre.								
35. ⁄ 15.	**Effets à recevoir à E. Francis Cte à ½.** S/Re sur Lyon, au 5 octob., à 99 .et (99 ½)	1,000	»	»	990	»	»	(995)	»
	Du 6 dit.								
15. ⁄ 25.	**E. Francis Cte à ½ à Maxime.** Fre de Maxime à 10 balles de laine, valeur 15 octobre.							9,000	»
	Du 15 dit.								
25. ⁄ 15.	**Fabien à E. Francis Cte à ½.** M/Fre à 10 balles de laine, valr 10 octobre.							9,600	»

Si donc, *le 18 septembre*, vous m'annoncez que vous avez acheté, pour le compte à demi, 4,000 kilogrammes de garance, je porterai . . . .

Si, *le 26 septembre*, vous m'annoncez que vous avez vendu cette partie de marchandise 7,500 fr. . . . .

Si, *le 30 septembre*, vous me débitez de 110 fr. tant pour la voiture des 32 kilog. de cochenille, que pour les intérêts de vos colonnes et pour les ports de lettres que vous avez payés, je porterai . . . .

Si, *le 30 septembre*, Félix me remet 500 fr., pour le compte à demi avec Francis . . . .

Si vous relevez sur ma facture des 32 kilog. de cochenille, une erreur de 25 fr. au préjudice du compte à demi, je porterai. . . . .

Nota. Je porte cet article par Marchandises générales, la facture ayant été portée au débit du compte à demi par le crédit de Marchandises générales.

Si les intérêts de mes colonnes s'élevaient en ma faveur à 15 fr., je porterais . . . .

On doit voir que la seule règle que l'on puisse donner pour faire le Journal, est d'apprendre ce que l'on a à faire au Grand-Livre. Aussi renverrai-je à la manière de tenir les comptes qui fait le sujet des chapitres précédens : il faut se la rendre familière ; ce n'est qu'une habitude à acquérir, mais, comme toutes les habitudes, elle ne s'acquerra que par des actes répétés.

CHAPITRE XII.

Continuation du même sujet.

DES ABRÉVIATIONS.

Si, le même jour, je reçois avis qu'Eugène tire sur mo , pour son compte, 500 fr. , et Paul 1,000 f., que Gustave tire sur moi, pour mon compte, 900 fr. à 99 ¼, je ne porterai pas *Eugène* à Effets à payer, *Paul* à Effets à payer, *Gustave* à Effets à payer, je porterai . . . .

Cela abrége au Journal, ensuite au Grand-Livre ; car, dans cet exemple, au lieu d'avoir trois sommes à porter à Effets à payer, on n'en a qu'une. Ces articles ne sont pas plus difficiles que les précédens ; les débiteurs et les créditeurs une fois trouvés par les moyens ordinaires, on n'a plus qu'à les inscrire dans l'ordre que j'indique.

Folios des comptes au Grand-Livre.		A porter		
		dans les colonnes intérieures des comptes		dans les colonnes extérieures.
		d'entrepôt.	de correspond^s.	
	Du 18 sept. 1816.			
15.	E. Francis Cte à ½ avoir (1).			
	S/achat de 4,000 kil. de garance, val^r 15 courant		7,000 » »	
	Du 26 dit.			
15.	Doit E. Francis Cte à ½.			
	Produit des 4,000 kil. de garance, val^r 30 courant		7,500 » »	
	Du 30 dit.			
17.	E. Francis Cte à ½ avoir.			
	Pour la voiture de 32 kil. de cochenille et p^r les ports de lettres et les intérêts de ses colonnes suiv^t S/Cte.		110 » »	
27. — 17.	**Du dit.**			
	Caisse à E. Francis Cte à ½.			
	Reçu de Félix.		500 » »	500 »
31. — 17.	**Du dit.**			
	Marchandises générales à E. Francis Cte à ½.			
	Erreur S/M facture du 31 août à.			25 »
17. — 29.	**Du dit.**			
	E. Francis Cte à ½ à Profits et Pertes.			
	Intérêts en ma faveur suivant Cte arrêté ce jour			15 »

Nota. Lorsqu'on a plusieurs correspondans de même nom, on les distingue soit par les noms des villes , soit par les mots de *monsieur* , de *madame* , etc. ; on met : Anselme d'Amsterdam, Anselme de Dijon, M. Félix , à Paris, Mad. Félix, à Paris. On ne désigne aussi l'espèce de compte $M/C^{te}, S/C^{te}, C^{te}$ à ½ , que lorqu'on a plusieurs comptes avec la même personne.

Folios		d'entrepôt	de correspond.	extérieures
	Les suivans à Effets à payer.			
	Eugène S/Cte S/T^{te} O/Georges, au 31 octobre			500 » ⎫
	Paul S/Cte . . . . O/Grégoire, 10 novembre.			1,000 » ⎬ 2,400 . »
	Gustave M/Cte . . . . O/Siméon , 20 oct. à 99 ½		895 50 »	900 » ⎭

(1) Je sais bien que l'on ne fait pas de ces articles; mais on doit en faire si l'on juge des choses par leur utilité.

ѕi, le même jour, Georges me remet pour mon compte 900 fr. sur Paris, et Félix 1,500 fr. sur Marseille ; si Jules me remet pour mon compte, et à 99, 1,000 fr. sur Paris ; si Adolphe me remet pour le compte à demi 600 fr. sur Nantes à 98 ; si Maurice me donne, en paiement d'une facture, deux effets de 700 fr. sur lesquels je rende 15 f. en espèces ; si je reçois de Victor, en paiem' de deux balles de coton, son billet de 1,800 f., je porterai . . . . . .

Ensuite :

Si j'écris à Félix que je négocie sa remise sur Marseille à 99 $\frac{1}{2}$, valeur 10 octobre, j'ajouterai . . . .

Si j'écris à Adolphe que je négocie sa remise sur Nantes à 99, valeur 5 octobre . . . .

Si, le même jour, je remets à Charles, pour le compte d'Hubert, 1,500 fr. ; si je paie deux traites avisées, l'une de Siméon de 1,500 f., l'autre de Maxime de 1,200 f. ; si j'achète comptant deux balles de laine 1,000 f., je porterai. . . .

Si, le même jour, je reçois d'Adrien 1,000 fr. ; si j'encaisse deux effets numérotés, l'un de 800 fr. et l'autre de 900 fr. ; si j'escompte à la banque trois effets ensemble 9,000 fr., soit net 8,910 ; si je vends trois balles de coton pour net 2,000 fr. en espèces, je porterai . . . .

Dans ces derniers exemples je ne me sers pas des colonnes intérieures positivement d'après les titres que j'y ai mis ; mais en cela, je fais comme les banquiers qui, ne mettant pas de titres, se servent de ces colonnes à leur plus grande commodité.

Dans l'article sous la date du 21 août, j'aurais donc pu me dispenser de mettre les 900 fr. en dedans. On

Folios des comptes
Au Grand-Livre.

À porter

	dans les colonnes intérieures des comptes		dans les colonnes extérieures	
Du 30 sept. 1816.	d'entrepôt.	de correspondᵗ.		
Effets à recevoir aux suivans.				
à Georges S/Rᵉ sur Paris, au 31 octobre	900 » »		900 »	
à Félix S/Rᵉ sur Marseille, au 10 novembre	1,500 » »	(à 99½ v. 10 oct.)	(1,492 50)	
à Jules M/Cᵗᵉ S/Rᵉ sur Paris, au 30 nov. à 99, vʳ 25 sept.	1,000 » »	990 » »	1,000 »	
à Adolphe Cⁱᵉ à ½ S/Rᵉ sur Nantes, au 31 décembre à 98, valʳ 26 septembre, ..et 99, val. 5 octobre	600 » »	588 » »	.(594) »	
à Mˣˣˣ gén. reçu de Victor en paiemᵗ de M/Fʳᵉ de ce jour, à 2 balles de coton S/Bᵗ au 10 décembre	1,800 » »		1,800 »	
à Maurice reçu sur sa remise,				
Bᵗ Siméon, au 25 octobre	700 » »			
Bᵗ Ferdinand, au 30 novembre	700 » »			
en paiemᵗ de M/Fʳᵉ du 10 courant			1,385 »	
à Caisse remis à Maurice l'excédant de S/Rᵉ en paiemᵗ de M/Fʳᵉ du 10 courant			15 »	
Du dit.	7,200 » »	net.		7,186 50
Les suivans à Caisse.				
Hubert remis à Charles			1,500 »	
Effets à payer.				
Tᵗᵉ Siméon		1,500 » »	2,700 »	5,200 »
Maxime		1,200 » »		
Marchandises gén. achat à Rolin de 2 balles de laine, suivant sa facture de ce jour			1,000 »	
Du dit.				
Caisse aux suivans.				
à **Effets à recevoir.**				
Encaissemens.				
Nᵒ Bᵗ Georges	800 » »	1,700 » »		
Bᵗ Fabien	900 » »			
Escompté à la Banque.				
Nᵒ Tᵗᵉ sur Roman, au 31 octobre	2,000 »	8,910 » »		
» Batiste, au 10 novembre	4,000 » net			
» Anselme, au 20 id.	3,000 »			
	10,700 »	net.	10,610 »	
à Adrien reçu de lui			1,000 »	13,610 »
à Marchˣˣ gén. vente à Frédéric de 3 balles de coton			2,000 »	

remarquera ainsi qu'il y a plusieurs répétitions de sommes que j'aurais pu éviter, et qui doivent s'éviter dans la pratique.

Je pourrais faire des articles : *Marchandises générales aux suivans ; les suivans à Marchandises générales ; Profits et Pertes aux suivans ; les suivans à Profits et Pertes*, etc., mais ce serait inutilement multiplier les exemples.

Voici un autre genre d'abréviation. Si Emile et Gustave me règlent leurs factures comme suit :

Emile :

Son billet, au 10 octobre, de 800   »
B^t Georges,   10 novemb., de 700   »   1,544 f. 30 c.
Pour rabais 44   30

Gustave :

B^t Siméon, au 15 octobre. 900   »
Regnard,   27 décembre. 2,000   »   2,984   40
Pour rabais 84   40

Je dois les créditer tous deux, par Effets à recevoir pour leurs remises, et par Profits et Pertes pour les rabais, je porterai . . . .

Nota. Les additions totales (ici 4,528 fr. 70 c.) ne se portent pas au Grand-Livre ; elles ne sont qu'un objet d'ordre et doivent toujours être égales.

En général, on trouve que ces articles manquent de clarté, cependant je ne crois pas qu'on puisse faire ce reproche à celui-ci.

Si je vendais à Maximilien deux pièces de drap pour 1,900 fr. ; l'une appartenant à Félix, et l'autre à Victor, et que j'en fusse payé comme suit . 1,700 fr. en papier de porte feuille, et le reste en argent, je porterais . . . .

Félix et Victor, comme vous voyez, sont crédités chacun par les deux débiteurs : Effets à recevoir et Caisse ; et Effets à recevoir et Caisse sont débités chacun par les deux créditeurs, Victor et Félix. Or, si je payais 500 fr.

DU RÉPERTOIRE.

Le Répertoire est la récapitulation des comptes par ordre alphabétique, avec les noms des villes que les correspondans habitent, et les numéros des pages où les comptes se trouvent.

EXEMPLE.

		Caisse . . . . f° 27		C
		Correspondans divers. 25		
		Effets à payer. . . . . f° 33		E
		Effets à recevoir . . . . : 35, 37		
Nantes.	Emile	Francis S/Cte . . . . f° 11		F
Nantes.	Emile	Francis M/Cte 13		
Nantes.	Emile	Francis Cte à ½ 15, 17, 19		
		Marchandises générales. . . . f° 31		M
		Profits et Pertes. . . . . . . f° 29		P

L'espace qu'on laisse ordinairement pour les comptes qui commencent par une même lettre, se compose du *recto* et du *verso*.

On a soin, à partir de la lettre qui est à l'extrémité droite de chaque feuillet (C , E , F , etc., dans l'exemple ci-dessus), d'enlever une bande de papier jusqu'au bas de la page, afin qu'on voie les lettres qui sont sur les feuillets suivans.

FIN.

TABLE.

FIN DE LA TABLE.

—————————————— Du 30 septemb. 1816.

Les suivans aux suivans.

—————

Effets à recevoir reçu des suivans ;

de Gustave,

Bᵗ Siméon, au 15 octobre . . . . — 900 » »
Regnard, 27 décembre. . . . . — 2,000 » » 2,900 » »

d'Émile,

son billet, au 10 octobre . . . . — 800 » »
Bᵗ Georges, 10 novembre. . . . . — 700 » » 1,500 » » 4,400 »

Profits et Pertes.
Rabais accordé à Gustave . . . . — 84 40 »
Id. à Émile . . . . — 44 30 » 128 70 } 4,528 70

—————

à Gustave paiement de M/Fˡᵉ du 15 septembre.
Sa remise détaillée ci-dessus . . . . — 2,900 » »
Rabais . . . . — 84 40 » 2,984 40
à Émile paiement de M/Factʳᵉ du 20 septembre.
Sa remise détaillée ci-dessus. . . . . — 1,500 » »
Rabais . . . . — 44 30 » 1,544 30 } 4,528 70

—————————————— Du dit.

Les suivans aux suivans.

—————

Effets à recevoir reçu de Maximilien à compte ;

Bᵗ Anselme, au 10 novembre . . . . — 1,200 » »
Maurice, 10 décembre. . . . . — 500 » » 1,700 »
Caisse reçu de Maximilien pour solde. . . . . — 200 » } 1,900 »

—————

à Félix vente à Maximilien d'une pièce drap de Louviers ;
25 aunes à 40 fr. . . . . — 1,000 »
à Victor vente à Maximilien d'une pièce drap de Louviers,
15 aunes à 60 fr. . . . . — 900 » } 1,900 »

pour le compte d'Adrien, 1,000 fr. pour le compte de George; et si je recevais 1,200 fr. de Maxime, 600 fr. d'Anselme, je ne porterais pas, comme M. Desgranges . . . .

ce *divers à divers* me paraissant louche et faux. *Louche*, parce qu'on ne voit pas clairement par quel débiteur chaque créancier est crédité, et que, pour répandre un peu de clarté dans la rédaction, il faudrait qu'il y eût dans les articles de caisse, à la place de *reçu de divers*, *remis à divers*, reçu de Maxime. 1,200 f. »   ⎫
                                                reçu d'Anselme.   600   »   ⎭ 1,800 fr. »

           remis à Jules pour le compte d'Adrien . . . . 500 f. »   ⎫
           remis à Siméon pour le compte de Georges . . 1,000   »   ⎭ 1,500 f. »

et qu'on ajoutât au précis des articles, Adrien, Georges, Maxime et Anselme, ces mots : *en espèces ;* mais alors le travail, loin d'être diminué, se trouverait augmenté. *Faux*, parce qu'Adrien qui semble débité par Caisse, par Maxime et par Anselme, ne l'est dans la vérité que par Caisse ; et que le transport au Grand-Livre se ressentirait de cette inexactitude, puisqu'en débitant Adrien on serait obligé de mettre dans la colonne, noms des créditeurs, *à divers ;* et que par là on indiquerait les 500 fr. comme étant à plusieurs comptes, tandis qu'ils ne seraient qu'au crédit de la Caisse. La règle à suivre pour ces sortes d'articles, est donc de ne jamais porter que des débiteurs qui soient débités par tous les créditeurs, *et vice versâ.* Voyez les exemples précédens (1).

Du reste, je ne vois d'autre genre d'abréviation que le premier, où l'on choisit le débiteur auquel on peut joindre le plus de créditeurs ; le créditeur auquel on peut joindre le plus de débiteurs, ayant soin que les affaires réunies soient de la même époque, et qu'une abréviation n'en empêche pas une plus grande. Si, par exemple, je recevais de Georges 600 fr. en espèces, et 500 fr en son billet, je ne porterais pas . . . .

parce qu'en réunissant les 500 fr. à l'article *Effets à recevoir aux suivans* (s'il y en avait un), et les 600 fr. à celui de *Caisse aux suivans*, je ne les augmenterais chacun que d'un créditeur (Georges), tandis que je porte ici deux débiteurs et un créditeur.

De la manière de solder les comptes et de contrepasser les articles.

Vous avez vu qu'avant de porter les soldes à nouveau (2) j'ai passé à Profits et Pertes les bénéfices et les pertes que les comptes présentaient. Ceux de correspondans, par exemple, donnent, pour l'ordinaire, des commissions, des intérêts, des magasinages, etc. ; ceux de Marchandises générales, d'Effets à recevoir, d'autres genres de bénéfices et de pertes. Or, le 30 septembre, les comptes ci-après ayant présenté en bénéfice, savoir :

E. Francis, S/Cte	18 f.	»
E. Francis, M/Cte	28	46
E. Francis, Cte à ½	599	75
Marchandises générales . . .	370	»
Effets à recevoir	67	97

je porte . . . .

---

(1) Peut-être ferait-on bien de s'affranchir de cette règle pour les divers à divers qui ont lieu par suite des affaires faites en foires, ces affaires formant des tous particuliers. Cependant je crois plus convenable d'ouvrir des comptes pour les foires.

(2) C'est la différence du débit au crédit qui s'ajoute au côté le plus faible, et se porte à nouveau au côté opposé, ainsi qu'on l'a déjà vu lorsque j'ai traité de la manière de tenir les comptes.

——————— Du 30 septemb. 1816.

Les suivans aux suivans.

Adrien remis à Jules		500	»
Georges remis à Siméon		1,000	» } 3,300 »
Caisse reçu de divers		1,800	»
à Caisse remis à divers		1,500	»
à Maxime reçu de lui		1,200	» } 3,300 »
à Anselme reçu de lui		600	»

——————— Du dit.

Les suivans à Georges.

Caisse reçu de Georges		600	» } 1,100 »
Effets à recevoir B^t Devilas, au 10e novembre		500	»

Nota. Il est sans doute inutile de remarquer que tous ces articles sans folios de Grand-Livre ne sont au Journal que pour exemples. Si on avait à les porter aux comptes, on doit savoir ce que l'on aurait à faire.

——————— Du 30 septemb. 1816.

29.	Les suivans à Profits et Pertes.			
11.	E. Francis S/Cte commission, ports de lettres, etc., suivant compte arrêté ce jour	16	»	
13.	E. Francis M/Cte bénéfice suiv^t Cte arrêté ce jour	28	46	
19.	E. Francis Cte à $\frac{1}{2}$ ma demie de bénéfice suiv^t compte arrêté ce jour	599	75	1,082 18
31.	Marchandises gén. bénéfice présenté par ce compte	370	»	
37.	Effets à recevoir bénéfice fait sur les négociations	67	97	

Le 30 septembre j'ai débité à compte nouveau et crédité à compte vieux

  le compte à $\frac{1}{2}$, dans la colonne intérieure de 1,100 f., dans l'ext^{re} de. . 1,094 f. 50 c.
Fabien (à correspondans divers). 9,600   »
Camille. . . . *id.* 12,950   »
Victor. . . . *id.* 600   »   } je porte. . . . .
Caisse. 1,017 47
Marchandises générales. 4,000   »
Effets à recevoir, dans la colonne intérieure 16,098 f. 96 c., dans l'ext^{re} . 16,018 96

J'ai débité à compte vieux et crédité à compte nouveau

E. Francis S/Cte. . . . . 3,864 f. » c.
E. Francis Cte à $\frac{1}{2}$ dans les deux colonnes. 599 75
Anselme M/Cte (à coresp^s divers) dans l'int^{re} f. 4,992 15 9, dans l'ext^{re}. 10,450   »
Georges. . . . . *id.* 1,600   »   } je porte. . . . . . .
Maxime. . . . . *id.* 7,200   »
Marchandises générales. 600   »
Effets à payer. 19,970   »
Profits et Pertes. 997 18

La réunion des soldes fermant les affaires de l'année , le transport à nouveau des articles en blanc ne doit être qu'après. Si, le 30 septembre, je porte à nouveau votre remise de 1,500 fr. sur Bordeaux,

    J'écris. . . . .

et pour le transport à nouveau du même effet, à Effets à recevoir. . . . .

Je dis, *les articles en blanc*, car si je portais à nouveau les 5,090 fr. qui sont à votre débit, sous la date du 22 août, et que je ne les fisse pas figurer parmi les soldes, la balance n'existerait plus.

Du 30 septemb. 1816.

Les suivans C^{tes} nouv^x à eux-mêmes C^{tes} vieux.

Pour balance.

19.	E. Francis, Cte à ½ pour solde valeur ce jour à 99 ½ . . .				1,100	»	»	1,094	50
25.	Correspondans divers.								
	Fabien, article du 15 septembre				9,600	»	»		
	Camille . . . . du 24 août	3,000	»	»	12,950	»	»	23,150	»
	id. . . . . du 25 id.	9,950	»	»					
	Victor . . . . du 28 juillet				600	»	»		
27.	Caisse, solde en caisse ce jour							1,017	47
31.	Marchand^{ses} gén., évaluation des march^{ses} en magasin.							4.000	»
37.	Effets à recev^r, effets restant ce jour en porte-feuille.								
	n° 5 sur Lyon . . . . . . au 10 novembre	5,000	»	à	7,920	»	»		
	11 sur Nantes . . . . . au 20 octobre	2,000	»	99				16,018	96
	14 sur Lyon . . . . . au 5 octobre	1,000	»						
	13 sur Paris B^t André au 29 novembre	3,048	46	à	8,098	96	»	45,280	93
	12 id. B^t Adolphe au 20 octobre	5,050	50	100					
		16,098	96	»					

Du dit.

Les suivans C^{tes} vieux à eux-mêmes C^{tes} nouv^x.

Pour balance.

11.	à E. Francis, S/Cte pour solde valeur ce jour							3,864	»
19.	à E. Francis, Cte à ½ sa demie de bénéfice val^r ce jour . .							599	75
25.	à Correspondans divers.								
	Anselme, M/Cte sa remise échue du 30 août . .	fl.4,992	15	9	10,450	»	»		
	Georges, Cte de vente du 28 juillet				1,600	»	»	19,250	»
	Maxime, solde de son compte				7,200	»	»		
31.	à March^{ses} gén., montant des C^{tes} de ventes à remettre. .							600	»
33.	à Effets à payer, p^r les effets restant ce jour à payer.								
	M/B^t O/Alphonse . . . . . . 3 octobre				1,000	»	»		
	O/Charles . . . . 20 octobre				3,000	»	»		
	O/Paul . . . . 22 novembre				2,970	»	»	19,970	»
	T^te de Francis O/ lui-même 10 octobre				10,000	»	»		
	Cheridam O/ lui-même 10 octobre				3,000	»	»		
29.	à Profits et Pertes, bénéfice jusqu'à ce jour							997	18	45,280	93

Du dit.

11.	E. Francis S/Cte v^x à lui-même S/Cte nouveau.								
	Pour S/remise S/Bordeaux du 12 août dernier . . .							1,500	»

Du dit.

37.	Effets à recev^r Cte nouv^au à lui-même Cte vieux.								
	Pour le n° 10 S/Bordeaux au 31 octobre							1,500	»

Vous avez pu vous convaincre que, dans tous ces mouvemens, personne ne donne, personne ne reçoit. Je ne sais, par exemple, que je dois porter au débit d'Effets à payer compte vieux, et au crédit compte nouveau 19,970 fr., que parce que je sais que je dois ajouter la différence du débit au crédit au côté le plus faible, et la porter à nouveau au côté opposé. Les moyens qu'on emploie ordinairement pour trouver les débiteurs et les créditeurs ne peuvent donc pas servir pour solder les comptes au Journal : ils ne peuvent pas servir non plus pour contrepasser les articles. Si, par exemple, je croyais avoir reçu de Fabien 1,800 fr., et qu'ainsi j'eusse porté *Caisse à Fabien*, je ferais simplement le contraire (1), je mettrais. . . . .

Quelquefois l'on a en même temps à annuler et à établir. Si, ayant remis à Jules un billet de 2,500 fr., j'avais porté *Effets à recevoir à Jules*, je porterais. . . . .

Si j'avais remis 1,200 fr. à Félix, et qu'au lieu de le débiter de cette somme, j'en eusse débité Anselme, j'aurais à porter *Caisse à Anselme* pour annuler l'article; ensuite *Félix à Caisse* pour l'établir : j'éliderais donc le débit et le crédit de la caisse, et je porterais. . . . .

Lorsque les erreurs existent dans les additions du Journal, ou dans le transport au Grand-Livre, il faut absolument gratter.

Au reste, je crois inutile de m'étendre davantage sur ces sortes d'articles : la plus légère réflexion suffit pour savoir ce que l'on a à faire.

OBSERVATIONS.

Chez les banquiers on commence par faire un brouillon, ou premières écritures, dont le Journal n'est plus que la mise au net.

Ces premières notes se puisent, 1° dans le livre de caisse, où l'on porte d'un côté tous les encaissemens, de l'autre, tous les paiemens; 2° dans les lettres qui arrivent, et dans la copie de celles qui partent; 3° dans le livre de négociation où l'on inscrit d'une part tous les effets que l'on prend, et de l'autre tous ceux que l'on négocie.

Chez les négocians, le Journal se fait d'après le livre de factures où se portent les ventes, et d'après le livre d'achat où se portent les achats. Si aux additions du livre de factures on ajoute les ventes au comptant, on trouvera un total qui devra toujours être égal au crédit du compte de Marchandises générales; de même, si l'on ajoute aux additions du livre d'achats, les achats au comptant, on trouvera un total qui devra être égal au débit du compte de Marchandises. Je recommande ce point de contrôle, parce qu'il préserve d'une sorte d'erreurs difficiles à retrouver et qu'il rend inutile le pointage de Marchandises générales lors de la balance.

Le reste des écritures se puise ordinairement dans une main-courante où l'on inscrit toutes les autres affaires.

La manière de tenir cette main-courante n'a rien de fixe : pourvu que l'on n'omette rien, et que les opérations y soient expliquées clairement, cela suffit. Lorsque l'on a un livre de caisse, on peut se dispenser d'y porter les articles de caisse.

---

(1) En effet, pour connaître la situation d'un compte, on ne considère pas le débit et le crédit séparément, on les considère comme agissant l'un sur l'autre. Or, toutes les fois qu'on les augmente également, la situation du compte ne change pas; si d'un côté l'on a mis une somme de trop, on rétablit l'équilibre en en portant une pareille de l'autre.

——————————— Du 30 septemb. 1816.

Fabien à Caisse.

Pour annuler les 1,800 fr. portés à son crédit le 10 septembre, cette somme n'ayant pas été reçue . . . . 1,800 »

——————————— Du dit.

Jules à Effets à recevoir.

Pour annuler l'article passé à son crédit pour l'effet n° 50, cet effet ayant été remis et non reçu . . . . 1,500 » ⎱
Pour le débiter dudit effet . . . . 1,500 » ⎰ 3,000 »

——————————— Du dit.

Félix à Anselme.

Pour les 1,200 fr. remis à Félix et portés à tort au débit d'Anselme le 10 août . . . . 1,200 »

CHAPITRE XIII.

De la balance.

Nous avons vu que les débits doivent être égaux aux crédits. Or, s'assurer s'ils le sont, et trouver et rectifier les erreurs qui les empêcheraient de l'être, c'est ce qu'on appelle *faire la balance*.

Pour voir si cette balance existe, on dresse un état de tous les débiteurs et de tous les créditeurs. A défaut de solde, on prend les additions des comptes.

Pour rectifier les erreurs, on observe ce que j'ai dit page 64.

Pour les trouver, on repasse les additions extérieures du Journal; on collationne le Journal avec le Grand-Livre, ce qu'on appelle *pointer*, faisant un point devant chaque somme vérifiée; on vérifie les additions et les transports des comptes; on pointe l'état des débiteurs et des créditeurs, on en vérifie les additions; on s'assure s'il ne reste aucune somme à pointer.

Ce travail, long et pénible, est d'autant plus à charge que souvent il faut le recommencer. M. Dégrange indique un autre moyen; c'est, dit-il, de faire les additions du Journal, parce qu'elles doivent cadrer avec le total des débiteurs, et avec celui des créditeurs pris séparément.

Dans la première partie du tableau ci-contre, par exemple, le Journal donne 4,990 fr. et le Grand-Livre, savoir :

Caisse.	3,000 »	} 4,990 fr. pour les débits.
Marchandises générales. . . .	1,990 »	
Caisse.	1,990 »	} 4,990 fr. pour les crédits.
Devilas.	3,000 »	

Lors donc que les additions du Journal sont d'accord avec les débits, on ne cherche plus que dans les crédits; *et vice versâ*. Mais il résulte également de ce procédé, 1° que le travail est augmenté des additions du Journal;

2° Qu'il faut retrancher de ces additions, une des deux additions des articles de *divers à divers* qu'on peut avoir faits (1).

3° Qu'au moyen d'une erreur balancée, le Journal peut cadrer avec les débits ou avec les crédits, et qu'ainsi l'on peut être induit à chercher les différences, tantôt dans les débiteurs quand elles sont dans les créditeurs, tantôt dans les créditeurs quand elles sont dans les débiteurs ;

4° Qu'il faut ajouter au total des débits, et à celui des crédits, les additions des comptes soldés. Je m'explique : dans la seconde partie du tableau ci-contre le Journal donne . . . . 6,000 f. et le Grand-Livre, savoir :

Pour les débiteurs :

Caisse.	1,010 »	} 3,000
Marchandises générales. . . .	1,990 »	

Pour les créditeurs :

Devilas. 3,000

Si donc je n'ajoutais pas à ces totaux les additions du compte de Caisse, soit 3,000 3,000

Le total des débits et celui des crédits qui s'élèvent maintenant à 6,000 6,000

ne seraient plus égaux aux additions du Journal 6,000

5° Qu'on est forcé à des recherches dont les résultats sont tout-à-fait insignifians. Si, par exemple, j'avais porté par mégarde les additions du compte de Caisse à 3,100 fr. au lieu de 3,000, cette erreur, inutile à trouver, m'aurait jeté dans beaucoup de travail.

---

(1) On évite ce travail en portant en dedans au Journal une des deux additions de chaque article de *divers à divers*, mais alors ou défigure ces articles.

Journal. Grand-Livre.

	Journal		DOIT CAISSE		AVOIR		DOIT DEVILAS		AVOIR		DOIV Mses Gles		AV.
Caisse à Devilas.													
Reçu de lui.	3,000	»	3,000	»	. . . .	.	. . . .	.	3,000	»			
Marchandises génér. à Caisse.													
2 balles de café achetées de Vernon .	1,990	»	. . . .	.	1,990	»	. . . .	. .			1,990	»	
(*Première partie.*) Additions . . .	4,990	»	3,000	»	1,990	»	. . .	.	3,000	»	1,990	»	
Caisse Compte nouv. à elle-même compte vieux.													
Pour solde en caisse ce jour. . .	1,010	»	. . . .	.	1,010	»							
			3,000	»	3,000	»							
			1,010	»									
(*Deuxième partie.*) Additions. . .	6,000	»	1,010	»	. . .	.	. . .	.	3,000	»	1,990	»	

6° Que l'état des débiteurs et des créditeurs est plus que triplé; car non-seulement il faut comprendre les comptes soldés, mais tel compte qui ne figurerait que pour deux chiffres, 5o fr., par exemple, au débit, sera porté au débit et au crédit pour dix chiffres 80 à 100,000 fr. Enfin, prenant pour terme moyen 150 comptes soldés tous les trois mois, nous aurons à la fin de l'année 600 récapitulations de deux sommes à extraire dans un espace d'environ deux à trois cents pages ; et, par dessus le marché, la recherche des erreurs qui sont une suite de l'augmentation de travail. Or, je le demande : est-il présumable que cette méthode puisse abréger ? M. Dégrange conseille, à la vérité, de s'en servir tous les mois ; mais est-elle bien praticable lorsqu'on a beaucoup de sommes à remplir ? D'ailleurs c'est faire douze balances au lieu d'une, et tout le monde peut se procurer cet agrément.

Pour moi, je trouve les moyens ordinaires préférables. Libre à chacun de penser comme bon lui semble. Je trouve que le désordre dans lequel on fait les recherches, contribue souvent à augmenter le travail. Si, par exemple, je me trompe au Journal dans l'addition extérieure d'un article :

Les suivans à Effets à recevoir.

Marchandises générales remis à Georges en paiement

    de 10 pièces d'huile :

        n° 1 Billet Jean, au 10 avril. . . . . . . 2,500 fr. »

        2 Billet Simon, 15 mai . . . . 1,000 » net 3,415 »

Adrien remis à compte de S/F¹ᵉ du 15 courant.   } 5,475 »

        n° 7 B¹/Grégoire au 10 mai. . . . . 2,000 »   2,000 »

                                5,500 »

J'ai d'abord à corriger cette addition 5,475 fr.; ensuite, la somme portée à Effets à recevoir, les additions et les transports de ce compte; l'article passé à Profits et Pertes, les additions et les transports de ce compte; les articles portés au Journal, et le transport à Capital, s'il a été fait. De là vient que lorsqu'on le peut, on doit toujours préférablement passer un article que de gratter : mais ici il faut absolument surcharger, et d'ailleurs il serait quelquefois ridicule de ne pas le faire. Si donc je cherche ma balance, ainsi que je l'ai dit au commencement de ce chapitre, dans l'ordre dans lequel le travail a été fait, et que, trouvant cette erreur, j'omette de corriger ou que je corrige mal au Grand-Livre, je m'en apercevrai, puisque ce n'est qu'après la vérification des additions du Journal que je pointe et vérifie les additions et les transports des comptes. Mais si j'opérais dans cet ordre : « La vérification des transports et des additions du Grand-Livre ; le pointage, la vérification » des additions extérieures du Journal », ces 60 fr. mal corrigés, ou omis de l'être dans un seul endroit, me forceraient à tout recommencer, puisque, dans ma supposition, n'ayant plus, après ma correction, que le reste des additions du Journal à vérifier, je n'y trouverais pas l'erreur que j'aurais laissée au Grand-Livre. L'ordre dans lequel on doit faire les recherches, n'est donc point indifférent. Je fais cette remarque, parce que généralement on n'en suit aucun. Voici encore ce que je pratique. Je laisse constamment le pointage en arrière de deux à trois mois, parce que, dans cet intervalle, toutes les réclamations qu'on peut faire sont ordinairement faites, et, par suite, toutes les rectifications. Si je tenais le pointage à jour (1), et qu'ensuite je vinsse à me tromper en corrigeant, toutes les recherches seraient à recommencer. J'ai soin également de séparer le pointage général d'avec les pointages partiels, et de mettre les points en vue de manière qu'on s'aperçoive au coup d'œil des sommes qui restent à collationner. J'observe encore de pointer tous les débiteurs, ensuite tous les créditeurs. Par ce moyen, j'évite de passer sur les erreurs qui se commettent en portant au débit ce qui doit être mis au crédit, *et vice versd*.

J'ai remarqué que c'est presque toujours dans les parties qui n'ont pas de points de contrôle que se trouvent les différences. Avant de recommencer tout le travail, on fera donc bien (si l'on a un livre de comptes courans) de pointer Marchandises générales, Profits et Pertes, les colonnes extérieures d'Effets à recevoir, et les comptes non soldés ; peut être n'y aurait-il aucun inconvénient à passer sur le pointage des comptes dont on est sûr de l'exactitude, tels que le compte de Caisse (2). Maintenant ne doit-on faire la balance que lorsqu'on fait

---

(1) Expression consacrée qui signifie que la besogne est faite jusqu'au jour où l'on est. On dit aussi *au pair*, *au courant*.

(2) On peut tenir les livres auxiliaires de manière que Marchandises générales, Effets à payer, et Effets à recevoir, aient des points de contrôle ; dans ce cas, on peut sans inconvénient passer sur le pointage de ces comptes, du moins cela m'a toujours réussi, et la balance n'est plus alors ni si longue, ni si pénible.

l'inventaire, c'est-à-dire, tous les 31 décembre? Si on la fait tous les mois on répandra dans toute l'année le travail qui d'ordinaire se trouve accumulé à la fin; et supposé qu'on n'ait pas réussi, on n'aura que les recherches d'un mois à recommencer. Néanmoins je pense que le nombre des balances doit être proportionné au volume des écritures, excepté lorsqu'on n'a pas de *compte courant*, parce qu'alors les comptes personnels manquent de point de contrôle.

Au reste, je ne blâme aucune méthode absolument. La diversité des moyens est toujours utile à connaître, et souvent on ne rejette un procédé que parce qu'on n'a pas l'habitude de s'en servir.

CHAPITRE XIV.

De la situation du négociant d'après ses livres.

LES affaires où nous avons puisé les écritures qui nous ont servi d'exemples ont été commencées sans capital. Ces affaires, sur les livres, se sont apurées par Profits et Pertes. Profits et Pertes a fini par être créditeur d'une somme, et dès lors, par cette somme, ayant présenté le capital du négociant, tous les autres comptes n'ont plus été que ses subdivisions. En effet, ce qu'il y a en caisse, à payer et à recevoir, les débiteurs et les créditeurs par compte courant, ne sont que des parties du capital.

Le solde de Profits et Pertes soit. . . . . 997 fr. 18 c.

doit donc cadrer avec le solde résultant de tous les autres comptes.

Ces comptes sont ici :

Pour les débiteurs.

Francis, compte à ½. 1,094   50

Correspondans divers

Fabien.	9,600	»	
Camille.	12,950	»	23,150 »
Victor.	600	»	

Caisse. 1,017   47

Marchandises générales. 4,000   »

Effets à recevoir. 16,018   96

                                                           45,280   93

Pour les créditeurs.

Francis, S/Cte 3,864   »

Francis, compte à ½ 599   75

Correspondans divers.

Anselme, M/Cte	10,450	»	
Georges.	1,600	»	19,250 »
Maxime.	7,200	»	

Marchandises générales. 600   »

Effets à payer. 19,970   »

                                                           44,283   75

Reste soustraction faite. 997   18 = 997   18

Telle est l'équation que le Grand-Livre doit constamment présenter. Dans la partie double, la situation du négociant est donc présentée de deux manières : en totalité, par Profits et Pertes ; en détail, par tous les autres comptes.

Cette utilité que j'attribue ici à Profits et Pertes, est ordinairement l'apanage d'un compte intitulé *Capital*; compte qui est simplement la récapitulation des bénéfices et des pertes par année, qui ne présente la situation totale que lorsque le solde de Profits et Pertes y est transporté.

C'est donc à Capital que les négocians portent les sommes qu'ils versent dans leurs affaires. Profits et Pertes alors n'est plus qu'un compte d'entrepôt.

Si mon avoir, ou actif, se composait de

10,000	» en espèces,	
15,000	» en marchandises,	
20,000	» en effets à recevoir,	
50,000	» en immeubles,	Pour ces objets je n'ouvrirais qu'un compte intitulé *Meubles et Immeubles*.
6,000	» en mobilier,	
5,000	» en comptes courans, savoir :	
	2,000 » dus par Casimir,	
	1,500 » dus par Anselme,	
	1,500 » dus par Fabien,	

et ce que je dois, ou mon passif, de

6,000	» en effets à payer,
3,000	» en comptes courans, savoir :
	1,800 » dus à Georges,
	1,200 » dus à Siméon,

Je porterais d'abord :

Les suivans à capital ,
pour mon actif ce jour ,

Caisse, reçu de N. S^r. 10,000	»	
Marchandises générales, (détail des marchandises). 15,000	»	
Effets à recevoir, (détail des effets). 20,000	»	
Meubles et Immeubles, (désignation des objets). 56,000	»	106,000 »
Casimir, S/Cte pour solde valeur ce jour. 2,000	»	
Anselme, S/Cte pour solde valeur ce jour. 1,500	»	
Fabien, S/Cte pour solde valeur ce jour. 1,500	»	

Ensuite :

Capital aux suivans ,
pour mon passif ce jour ,

à Effets à payer, (détail des effets). 6,000	»	
à Georges, S/Cte pour solde valeur ce jour 1,800	»	9,000 »
à Siméon, S/Cte pour solde valeur ce jour. 1,200	»	

Si, m'associant avec Félix, sous la raison de Georges et Félix, nous apportons, savoir :

Georges, 11,000 fr. en espèces, et 32,000 fr. en effets à recevoir ;
Félix,   12,000 fr. en espèces, et 9,000 fr. en effets à recevoir ;

je porterais d'abord :

Caisse aux suivans.
à N. Sʳ Georges, reçu de lui, ... 11,000 » ⎱
à N. Sʳ Félix,   reçu de lui. . . . . 12,000 » ⎰ 23,000 »

_______________________   Du dit.   _______________________

Effets à recevoir aux suivans (1).
à N. Sʳ Georges, sa remise comme suit :
        (Détail des effets). . . . . 32,000 » ⎱
à N. Sʳ Félix, sa remise comme suit :   ⎰ 41,000 »
        (Détail des effets). . . . . 9,000 »

Ensuite, si ma mise de fonds était de

40,000 fr. valeur 20 juin 1816,

et celle de Félix de

20,000 fr., également valeur 20 juin 1816,

e porterais :

Les suivans à capital.
N. Sʳ Georges, pour sa mise de fonds valeur 20 juin 1816, ... 40,000 » ⎱
N. Sʳ Félix, pour sa mise de fonds valeur 20 juin 1816 . . . . 20,000 » ⎰ 60,000 »

Par cet exemple le capital est supposé

____

(1) A la place de cet article et du précédent, j'aurais pu faire un Divers à Divers.

de. . . . .
Je suppose encore que les bénéfices sont, à la fin de l'année, de. . . . .
mais chaque associé doit jouir de l'intérêt de sa mise de fonds. Si cet intérêt est fixé à 6 $\frac{o}{o}$, je porterai donc,
avant de solder Profits et Pertes :

Profits et Pertes à capital.

Pour intérêt de la mise de fonds de N/Sr Georges, du 3o juin
au 31 décembre 1816, soit 4o,ooo fr à 6 $\frac{o}{o}$. . . . . 1,200 » ⎫
Pour intérêt de la mise de fonds de N/Sr Félix, du 3o juin   ⎬ 1,800 » ci. . .
au 31 décembre 1816, soit 20,000 fr. à 6 $\frac{o}{o}$. . . . .   600 » ⎭

Cela fait, le bénéfice présenté par Profits et Pertes n'est plus que de 1o,2oo fr. ; et si, d'après les conditions
de la société, je dois avoir les deux tiers, et Georges seulement un tiers, je porterai :

Profits et Pertes à capital.

Pour les $\frac{2}{3}$ dus à N/Sr Georges dans les bénéfices. . . . . 6,800 » ⎫
Pour le $\frac{1}{3}$ dû à N/Sr Félix dans les bénéfices . . . . 3,4oo » ⎬ 1o,2oo » ci. . . .

Enfin, si Félix et moi nous avions prélevé, chacun pour nos dépenses, 2,1oo fr., soit . . . .
je porterais :

Capital aux suivans.

à N/Sr Georges, pour autant qu'il a pris pour S/Cte . . . . 2,100 » ⎫
à N/Sr Félix, pour autant qu'il a pris pour S/Cte . . . . 2,100 » ⎬ 4,200 » ci. . . .

et pour le rapport à nouveau du solde de capital,

Capital Cte vieux à lui-même Cte nouveau.

Pour ce qui revient à N/Sr Georges.

Capital au 3o juin 1816 . . . . .   4o,ooo » ⎫
intérêt jusqu'au 31 décembre, à 6 $\frac{o}{o}$. 1,2oo » ⎬ 48,ooo »
pour ses $\frac{2}{3}$ dans les bénéfices. . . . 6,8oo » ⎭
            à déduire,
pour ses prélèvemens jusqu'au 31 décembre . . . . 2,100 »

                                         reste. . . 45,9oo »

Pour ce qui revient à N/Sr Félix.

Capital au 3o juin 1816 . . . . .   20,000 » ⎫
intérêt jusqu'au 31 décembre, à 6 $\frac{o}{o}$.   6oo » ⎬ 24,000 »
pour son $\frac{1}{3}$ dans les bénéfices. . . . 3,4oo » ⎭   ⎬ 67,8oo » ci. . . .
            à déduire,
pour ses prélèvemens jusqu'au 31 décembre . . . . 2,100 »

                                         reste. . . 21,9oo »

On ferait bien, je crois, d'ajouter, pour chaque associé, une colonne intérieure au débit et au crédit de Capital;
cela rendrait les différentes parties de ce compte plus distinctes. Quoi qu'il en soit, je diffère ici de M. Desgranges,
en ce qu'il ne déduit pas les levées du bénéfice de chaque associé. Si je les avais portées à Profits et Pertes,
comme il le fait, ce compte aurait présenté un bénéfice de 6,000 fr., et les deux tiers dus à Georges n'auraient

DOIT	CAPITAL	AVOIR	DOIT	PROF. ET PERTES	A.	DOIT	N. St GEORGES	AVOIR	DOIT	N. St FÉLIX	AVOIR
		66,000	»								
				1,800	1,800						
	10,200	»	10,200	»			2,100			2,100	»
4,200	»							2,100	»	2,100	»
67,800	»										
72,000	»	72,000	»	12,000	1,2000	»	2,100	»	2,100	2,100	»
	67,800	»									

CHAPITRE X.

De l'inventaire.

plus été que de 4,000 fr. net de levées, au lieu de 4,700 fr. ; par contre, le tiers dû à Félix aurait été de 2,000 fr.
au lieu de 1,300 f. net. Les levées ne sont pas des frais qui doivent se déduire des bénéfices provenant des opérations,
à moins d'une convention expresse ou d'un partage égal entre les intéressés (1). Si mon père me faisait un don, je
le porterais à Capital et non à Profits et Pertes; si j'avais des associés, je ne le porterais ni à l'un ni à l'autre, je le
porterais à mon compte particulier.

Capital me paraît être le dernier compte trouvé. Les hommes ont fait des affaires avant de chercher à les classer,
et le commerce a dû prospérer avant que les méthodes prissent quelque chose de fixe. Leur perfectionnement date,
selon toute apparence, de l'époque où les associations parurent. Alors, la crainte d'être lésé pouvait s'emparer de
plusieurs associés et les porter à réfléchir sur les moyens dont on se servait ; la tenue des livres, sans doute assez
avancée, devait faire pressentir l'avantage qui résulte de l'égalité entre le Doit et l'Avoir ; et, comme en établissant
des livres, les sommes versées dans les affaires ne pouvaient figurer qu'au débit de Caisse, d'Effets à recevoir, de
Marchandises générales, etc., il fallait un Crédit. Or, ces sommes ne venant que des associés, le compte qui les
représentait dut enfin s'établir. Si Victor et Philippe versaient 20,000 fr. en espèces, ils créditaient Capital, et
débitaient Caisse, et se trouvaient ainsi représentés par deux comptes : le premier qui ne se modifie que de loin
en loin ; le second qui se modifie sans cesse. Je fais cette remarque parce que de là naissent les deux systèmes que
j'ai suivis : l'un pour expliquer le mouvement des comptes, et alors le négociant est représenté principalement
par Caisse ; l'autre pour expliquer la subordination qui existe entre les comptes, c'est celui que j'ai développé
dans ce chapitre.

<hr>

CHAPITRE XV.

De l'inventaire. Réfutation.

Vous avez vu que lorsqu'un compte est soldé le résultat qu'il présente est positif. Or, solder tous les comptes
c'est faire l'inventaire, lequel est juste quand la situation totale présentée par Capital, est pareille à celle qui
résulte des autres comptes.

C'est, je crois, pour conserver les doubles de ces inventaires que l'on ouvre les comptes *Balance de sortie*,
Balance d'entrée. Voici pour les écritures dont j'ai donné le modèle, les articles que j'aurais passés.

Les suivans à balance de sortie.
Francis, S/Cte, pour solde valeur ce jour . . . . 3,864 »
Francis, Cte à ½, sa ½ de bénéfice 599 75   599 75
Correspondans divers.
  Anselme, M/Cte transport à nouveau,
    de S/R^e sur Paris . . . . 4,992 15 9   10,450 »
  Georges, S/Cte, M/Cte de vente du 28 juillet . . . . . . 1,600 »   } 19,250 »
  Maxime, solde de sa facture du 6 septembre . . . . . 7,200 »
Marchandises gén., montant des C^{tes} de vente à remettre . . . . . .   600 »   } 45,480 93 . .
Effets à payer.
  M/Bⁿ O/Adolphe,   3 octobre . . . . 1,000 »
       O/Paul,   22 novembre . . . . 2,970 »
       O/Charles,   20 octobre . . . . 3,000 »   } 19,970 »
  T^{te} Francis, O/lui-même, 10 octobre . . . . 10,000 »
       Cheridam, O/lui-même, 10 octobre . . . . 3,000 »
Profits et Pertes, bénéfice suivant ce compte 997 18

---

(1) Je crois devoir prévenir que tout ce que j'ai cité de M. Desgranges, est tiré de la neuvième édition. Je ne connais pas
les autres.

Balance de sortie aux suivans.

à Francis, Cte à ½ pour solde valeur ce jour   1,100   »   1,094 50 ⎫
à correspondans divers.

    Fabien , art. du 15 septembre   9,600   » ⎫
    Camille ,   24 et 25 août   12,950   » ⎬ 23,150   »
    Victor ,   28 juillet   600   » ⎭

à Caisse , solde en Caisse ce jour 1,017 47
à Marchandises générales , évaluation des marchandises en magasin . .   4,000   »   ⎬ 45,280   93
à Effets à recevoir , effets restant ce jour en porte-feuille.

    N° 12 B^t Adolphe, 20 octobre . . . . .   5,050 50   5,050 50 ⎫
     5 sur Lyon, au 10 novembre   5,000   » ⎫ à
    11   Nantes , 20 octobre   2,000   » ⎬ 99 7,920   » ⎬ 16,018 96
    14   Lyon , 5 octobre   1,000   » ⎭
    13 B^t André , 20 novembre . . . .   3,048 46   3,048 46 ⎭

                         16,098 96

Ces articles passés, tous les comptes sont balancés et figurent à balancer de sortie. Or, pour en rapporter les soldes à nouveau on met :

Balance d'entrée aux suivans.

à Francis, S/Cte , pour solde valeur ce jour   3,864   » ⎫
à Francis, Cte à ½ , sa ½ de bénéfice 599 75   599 75

à Correspondans divers.

    Anselme, M/Cte transport à nouveau,
    de S/R° sur Paris . . . .   4,992 15 9   10,450   » ⎫
    Georges, S/Cte , M/Cte de vente du 28 juillet   1,600   « ⎬ 19,250   »
    Maxime, solde de sa facture du 6 septembre   7,200   » ⎭

à Marchandises gén., montant des C^tes de vente à remettre   600   » ⎬ 45,280   93
à Effets à payer.

    M/B^et O/Adolphe , 3 octobre   1,000   » ⎫
       O/Paul , 22 novembre   2,970   » ⎪
       O/Charles, 20 octobre   3,000   » ⎬ 19,970   »
    T^te Francis, O/lui-même, 10 octobre   10,000   » ⎪
    Cheridam , O/lui-même, 10 octobre   3,000   » ⎭
à Profits et Pertes, bénéfice suivant ce compte . . . .   997 18 ⎭

Les suivans à balance d'entrée.

Francis, Cte à ½ pour solde valeur ce jour   1,100   »   1,094 50 ⎫
Correspondans divers.

    Fabien , art. du 15 septembre   9,600   » ⎫
    Camille ,   24 et 25 août   12,950   » ⎬ 23,150   »
    Victor ,   28 juillet   600   » ⎭

Caisse , solde en caisse ce jour 1,017 47
Marchandises générales , évaluation des marchandises en magasin. . .   4,000   »   ⎬ 45,280   93
Effets à recevoir, effets en porte-feuille ce jour.

    N° 5 sur Lyon , 10 novembre   5,000   » ⎫ à
    11   Nantes, 20 octobre   2,000   » ⎬ 99 7,920   »
    14   Lyon , 5 octobre   1,000   » ⎭ ⎬ 16,018 96
    13 B^et André , 20 novembre . . . .   3,048 46 ⎫
    12 B^rt Adolphe, 20 octobre . . . . .   5,050 50 ⎬ 8,098 96

Les deux premiers mouvemens sont naturels , parce qu'on peut bien porter une somme d'un compte à un autre :

mais les deux derniers me paraissent ridicules, car, pour sortir une somme d'un compte, il faudrait qu'elle y soit; et lorsque je mets *les suivans à Balance d'entrée*, il n'y a rien au débit de ce compte qui motive ce transport : de même, lorsque je mets *Balance d'entrée aux suivans*, il n'y a rien au crédit. Pour régulariser ces divers mouvemens, il faudrait changer les titres des comptes, mettre pour réunir les soldes :

Les suivans à balance de créditeurs ;
Balance de débiteurs aux suivans ;

et pour reporter les soldes à leurs comptes respectifs,

Balance de créditeurs aux suivans ;
Les suivans à balance de débiteurs ;

mais que d'écritures pour conserver les doubles des inventaires, et ne serait-il pas suffisant de faire au Journal deux articles :

Les suivans C^{tes} vieux à eux-mêmes C^{tes} nouveaux ;
Les suivans C^{tes} nouveaux à eux-mêmes C^{tes} vieux ;

voyez page 63, ou bien de copier les inventaires sur un livre à ce destiné, comme le prescrit le Code de commerce ?

Il y a des personnes qui se croiraient répréhensibles si elles ne soldaient pas tous les comptes à une époque fixe ; cette époque est ordinairement le 31 décembre. Mais, quelque peine que l'on se donne, les inventaires ne peuvent jamais être qu'approximatifs ; et ce qui se néglige dans l'un, se trouve dans l'autre. On fera donc bien de laisser les comptes qui donnent peu de frais, et de commencer à solder les autres vers le 1er décembre, afin que le travail soit entièrement fini dans les premiers jours de janvier. Je suppose que, de cette manière, l'inventaire présente 1,800 fr. de moins de bénéfice ; s'il n'y a pas d'associé, cela est indifférent ; s'il y en a, et que le bénéfice ou la perte soit partagée également, c'est encore indifférent ; et si le partage est inégal, cela ne signifie pas grand'chose. En effet, qu'un associé ait deux tiers et l'autre un tiers dans les bénéfices ; celui-ci aura 600 fr. de moins, et celui-là 1,200 fr. ; ce dernier ne perdra donc l'intérêt des 600 fr. que jusqu'au prochain inventaire ; mais si l'on veut pousser l'exactitude si loin, pourquoi ne pas prélever l'escompte des effets qui restent à payer et à recevoir, et que résultera-t-il de tant de peine ? *La montagne en travail enfante une souris.* Toutefois, nous conclurons que les inventaires sont d'autant plus exacts que les soldes approchent davantage de la vérité.

Dans l'esprit de la tenue des livres particulièrement, on a voulu établir qu'il y a des comptes *genre*, d'autres *espèce*, d'où l'on a tiré cette règle : que les comptes doivent être soldés par une gradation d'espèce au genre. J'avouerai que cette opinion me paraît étrange ; n'est-ce plus une chose avérée, qu'il n'y a dans la nature que des individus ? Si je brise un gobelet, je dirai bien que les morceaux en sont les parties ; mais certainement le gobelet n'existera plus. De même, si j'ouvre Cafés, Sucres, etc., Marchandises générales, qui ne sert plus que pour certaines marchandises, doit perdre son titre ? et quelle raison y a-t-il pour solder *Café* par *Marchandises générales* devenu *Marchandises diverses*, par exemple, plutôt que Marchandises diverses par Café ? Effets sur la France, Effets sur l'Angleterre, etc., sont les divisions d'Effets à recevoir ; mais parce que je laisserai ce titre à Effets sur la France, dois-je y transporter le solde d'Effets sur l'Angleterre, d'Effets sur la Hollande ? Mon Compte, son Compte, Compte à demi, représentent les différentes parties des affaires que je puis avoir avec une seule personne ; pouvez-vous me dire lequel est genre ? Si je divise Profits et Pertes, il n'est plus que la récapitulation de certains profits et de certaines pertes : son titre doit être changé, et toutes ses divisions soldées directement par Capital. Et remarquez que ce compte de Capital, qui peut être considéré comme genre, puisqu'il représente le genre suprême, et que le genre suprême est l'objet même, ne sert pourtant que comme individu : son utilité est de présenter la situation totale, et tout ce qui tend à la détruire doit être rejeté. En effet, pour classer les comptes il les a fallu trouver, et ce qui les a fait trouver, n'est-ce pas le besoin qu'on en a eu, autrement dit, l'utilité particulière de chacun ? C'est donc pour ces utilités qu'il faut s'en servir, et non pour la subordination qu'on peut établir entre eux.

CHAPITRE XVI.

OBJETS DIVERS.

Des liquidations.

LES liquidations, relativement aux écritures, ne présentent aucune difficulté. Si je veux me retirer des affaires, j'annonce ma résolution et je cesse successivement avec chaque correspondant. Je fais rentrer ce qui m'est dû, je paie ce que je dois, et tous les comptes personnels se trouvant ainsi soldés, de même qu'Effets à payer, je n'ai plus qu'Effets à recevoir, Caisse, Meubles et Immeubles, etc., qui me présentent mon capital en quatre ou cinq objets différens. Si j'ai un associé, nous retirons chacun notre capital. Si nous avons des créances en litige, nous nous les partageons, ou bien l'un de nous se charge d'en suivre le recouvrement, et tient compte à l'autre de ce qu'il reçoit pour lui.

Si nous cédons notre fonds, nous passons à l'acquéreur les soldes de comptes dont la rentrée ne souffre aucun retard, nous les lui garantissons pour un temps; quant aux autres, nous pouvons le charger d'en suivre le recouvrement pour nous, et il nous en tient compte, sauf rentrée.

Du transport des écritures sur de nouveaux livres.

Pour transporter les écritures sur de nouveaux livres, on n'a besoin de faire ni balance ni inventaire, il suffit d'arrêter les écritures à une époque fixe. Si, par exemple, je prévois que mon Grand-Livre sera fini le 30 avril, j'ouvre par avance des comptes sur un nouveau Grand-Livre; et le 1ᵉʳ mai j'y porte les écritures, et ne porte rien sur le précédent. Je fais ensuite à loisir le rapport des additions, et la balance de l'année devient plus facile, car je puis m'occuper séparément des vieilles écritures. La même chose doit se pratiquer pour les livres de comptes courans, surtout dans les fortes maisons.

Il y a des personnes qui, par le moyen d'une reliure factice, font le Journal sur des feuilles détachées; et, de cette manière, peuvent toujours le faire finir avec le Grand-Livre, cela me paraît bien vu. Je sais bien que le Code de commerce ne semble pas approuver cette méthode; mais j'examine la chose suivant ce qu'elle doit être, et non suivant ce que la loi prescrit. D'ailleurs, cette loi n'est pas sans imperfections. Dirai-je que de tous les livres, le Journal est celui qui peut le moins faire preuve, par cela même qu'il est fait après coup? que de nombreuses affaires forcent à diviser le travail, et qu'ainsi les écritures ne peuvent plus être portées sur un seul livre?..... que d'astreindre un petit négociant à inscrire ses affaires jour par jour, ce n'est d'aucune utilité, et qu'enfin exiger qu'il n'y ait ni ratures ni surcharges (1), c'est vouloir faire de l'infaillibilité un attribut de l'espèce humaine? Il ne suffit pas de se proposer un but louable, il faut encore que les moyens prescrits atteignent ce but, et qu'ils puissent être pratiqués.

Du désordre dans les écritures.

Ce désordre peut avoir trois sources : la première vient du teneur de livres. S'il rédige mal les articles du Journal, ou d'une manière fautive; s'il fait mal le rapport au Grand-Livre; s'il ne solde pas assez souvent les comptes de Caisse, d'Effets à payer, d'Effets à recevoir, de Correspondans divers, et tous les comptes dont les affaires ne sont

---

(1) Le Code de commerce dit seulement que les écritures doivent être portées jour par jour sur un Journal, par ordre de dates, sans blancs, lacunes ni transports en marges. Peut-être les négocians infèrent-ils de là, et de l'importance que l'on veut donner à ce livre, puisqu'il peut servir en justice, qu'il doit être sans ratures ni surcharges. Quoi qu'il en soit, j'attaque une opinion répandue, et des précautions qui me paraissent puériles.

Voici un passage que je tire de Delaporte, et qui me paraît fort bien pensé :

« Lorsque les livres sont tenus dans les formes et avec exactitude, il sont de très-grand poids; ils ne peuvent seuls faire foi pour » leur propriétaire; mais lorsqu'ils sont secondés par d'autres circonstances, ils peuvent aider fort utilement à prouver un fait, » même en faveur de celui à qui ils sont, et qui les produit.

» Les livres d'un négociant peuvent servir à faire preuve entière dans un fait contre lui, d'autant qu'il n'y a point d'apparence » qu'il y enregistre des choses non véritables à son désavantage. Ils peuvent aussi faire partie de preuves entre tierces personnes » qui contestent pour des articles qui y sont insérés. »

pas traitées par correspondance ; s'il ne passe pas les redressemens de comptes à fur et à mesure qu'ils se présentent ; s'il ne tient pas les écritures à jour ; s'il néglige de solder les comptes d'accord avec ceux que l'on reçoit : par exemple, Victor m'envoie mon compte soldé par 6,375 fr., et bien, il faut que le solde sur mes livres soit également de 6,375 fr., afin qu'ayant tous deux un point de départ, nous ne soyons jamais obligés de revenir sur les anciennes écritures : cela nécessite quelquefois de porter des articles à nouveau ; mais cela ne doit pas être un obstacle. Enfin, si les titres des comptes manquent de précision, j'aime mieux Effets à payer, Effets à recevoir, que Lettres et Billets, Traites et Remises (1) ; Capitaine un *tel*, mon compte, pour la cargaison de *tel* navire, que la Cargaison de *tel* navire. Les titres sont des sommaires qui ne doivent indiquer ni plus ni moins que ce qui est dans les comptes.

La seconde vient d'un manque de méthode. Vous savez que le négociant passe les traites, les mandats et les billets à domicile qu'il a à acquitter, ou par Effets à payer, lorsqu'il en reçoit l'avis, ou directement par Caisse, lorsqu'il les paie ; que, lorsqu'il reçoit un effet qui n'a qu'un ou deux jours à courir, il peut se dispenser de le faire figurer à Effets à recevoir ; que les achats qu'il fait par commission, il peut les porter directement au débit des correspondans par le crédit des vendeurs ; et les ventes par commission, au débit des acheteurs par le crédit des consignataires ; qu'il peut aussi se servir de Marchandises générales, et qu'alors, tantôt il déduit les lettres de voiture des comptes de vente, et que tantôt il les porte en compte.

Or, les écritures doivent pouvoir se passer sur la simple vue des opérations. Si, par exemple, je ne porte à Effets à payer qu'une partie des effets qu'on m'avise, je ne saurai plus, lorsque je paierai une traite, si je dois ou ne dois pas la passer directement. Je m'exposerai à créditer la Caisse, tantôt par Effets à payer quand elle devra l'être par les correspondans, tantôt par les correspondans quand elle devra l'être par Effets à payer ; ou bien je serai obligé à chaque paiement, de m'assurer si l'effet a été passé ou non. Mais alors je n'en finirais pas, et il faut nécessairement que je contracte des habitudes qui m'exemptent de toute réflexion ; que, par exemple, je porte à Effets à payer seulement les traites que j'accepte, et les billets que je souscris, parce que lorsque je verrai sur la Caisse *mon acceptation* ou *mon billet*, je saurai à quoi m'en tenir.

En général les banquiers ne passent directement que les effets sans avis, et ils font bien, parce que n'ayant pour l'ordinaire que de bons correspondans, ils refusent rarement de payer ; mais lorsque l'on n'a que de mauvais cliens, que des personnes qui donnent mal leurs avis, ce serait des articles à contre-passer sans cesse que de se servir d'Effets à payer.

Les effets à recevoir présentent moins d'inconvénient. Comme ils reçoivent des numéros avant d'entrer en porte-feuille, tous ceux qui n'en ont pas doivent être passés directement.

Si j'achète pour Jules dix balles de safran, je puis le débiter par le crédit du vendeur, et alors je porterai ma commission et mes frais en compte courant. Je puis aussi, créditant le vendeur par Marchandises générales, débiter Jules par Marchandises. Mais si je me sers alternativement de ces deux moyens, je ne saurai plus, lorsque je remettrai une facture, si je dois la passer par Marchandises, ou si j'en dois simplement porter les frais à Profits et Pertes. Il faut donc que j'adopte l'une ou l'autre manière, afin que le travail soit sûr et facile.

Cette observation se répète :

1° Pour les ventes ; car si je vends, pour compte de Jacques, dix pièces de vin, je puis le créditer par le débit de l'acheteur, du montant de la vente, ou par le débit de marchandises, du net produit du compte de vente.

2° Pour les lettres de voiture : si tantôt je les porte en compte, et tantôt je les déduis des comptes de vente, je ferai des omissions ou des doubles emplois.

3° Pour les achats et les ventes que je fais à une même personne ; car je puis les porter en compte ou les passer directement.

Tant que le compte de Marchandises générales n'aura pas de point de contrôle, la tenue des livres des négocians sera défectueuse.

Si je tiens Effets à recevoir sur doubles colonnes, le copie d'effets doit être sur deux colonnes.

Si je veux tenir certains comptes à demi sur simples colounes au lieu de les tenir sur doubles, je ne ferai que m'embrouiller.

Si j'expédie à Philippe des marchandises à vendre pour mon compte, quelle que soit mon intention, je dois ouvrir un mon compte.

Si j'envoie à Georges des effets en souffrance pour qu'il en suive le recouvrement, je dois lui ouvrir un compte particulier (2).

Si Gustave me fait une remise comme nantissement, ne serait-ce que pour huit jours, je dois lui ouvrir un compte. Je ne vois guère que la marchandise envoyée en commission qui puisse être retirée et ne figurer que sur le livre de magasin.

---

(1) Ce dernier titre est même faux ; anciennement il était juste, parce qu'on se servait d'un seul compte pour les effets à payer et pour les effets à recevoir. Delaporte est le premier qui a conseillé d'ouvrir deux comptes ; et si l'on a bien fait de suivre son avis, on a eu tort de ne pas changer les titres.

(2) Il faut que les titres de ces comptes indiquent de quelles créances il s'agit, afin que dans les inventaires les soldes ne figurent pas comme des sommes sur lesquelles il n'y a rien à perdre.

Il ne faut porter également sur chaque livre que ce qui doit réellement y aller.

Si je vous paie plusieurs factures comme suit :

    4,000 fr. en effets échus ;
    1,000 fr. en espèces ;

je ne mettrai pas sur le livre de caisse, quoique cela revienne au même,

    au crédit 5,000 fr. pour le paiement des factures ;
    au débit 4,000 fr. pour les effets censés encaissés ;

je porterai seulement sur la caisse les 1,000 fr. réellement donnés en espèces, et j'inscrirai les 4,000 fr. d'effets sur le livre à ce destiné.

Il faut aussi se garder que les premières notes laissent du doute sur les écritures à passer.

Si je reçois de Paul, pour marchandises à lui vendues. . . 1,500 f.

je porterai sur le livre de caisse, savoir :

    Vente au comptant faite à Paul le 1er courant. . . . . 1,500 fr.

Si Paul n'a pas été débité de la facture, et si Paul en a été débité :

    Reçu de Paul en paiement de ma facture du 1er courant 1,500

mais je ne mettrai pas d'une manière ambigüe,

    Reçu de Paul pour vente à lui faite le 1er courant 1,500

car, dans le premier cas, Marchandises générales doit être crédité, et dans le deuxième, c'est Paul qui doit l'être.

Voilà une des raisons pour lesquelles, chez un négociant, les personnes même qui ne travaillent pas aux écritures, doivent avoir une idée de la tenue des livres.

La plupart de ces obervations paraîtront insignifiantes pour les maisons où une seule personne fait toute la besogne, parce que la mémoire supplée, et que d'ailleurs les recherches ne sont ni longues ni pénibles. Mais lorsqu'un employé tient le livre de caisse, un autre le livre d'achats et de ventes, un autre la correspondance, un autre le Journal, etc., si l'on ne s'astreint pas à un ordre, tout ira mal. Autre chose est d'avoir une grande ou une petite affaire à gérer ; cependant, avec des soins et de l'ordre, on peut toujours se permettre des abréviations.

La troisième source vient du chef même, s'il garde les lettres qui arrivent et n'en extrait pas les articles qui sont à passer, s'il néglige de visiter les comptes pour faire passer les différences qui peuvent s'y trouver ; s'il fait des achats, des ventes, des règlemens, des compensations, accorde des rabais, prend des effets en portefeuille et n'en donne pas la note, ou du moins le fait irrégulièrement et sans exactitude. Si les comptes personnels restent plus d'une année sans être envoyés aux correspondans et reconnus par eux, si la caisse et l'entrée, la sortie des marchandises sont mal tenues. Enfin aucun objet ne doit entrer ni sortir, aucun mouvement ne doit se faire sans figurer sur les livres ; et, ce qui n'est pas moins essentiel, c'est de ne confier la besogne qu'à des personnes à qui l'on puisse demander pourquoi elle n'est pas faite.

23

CHAPITRE XVIIe ET DERNIER.

De l'ordre dans lequel j'ai cru devoir expliquer le Journal et le Grand-Livre.
Observations critiques.

On ne peut douter que la crainte de perdre est ce qui porte les négocians à classer leurs affaires. Si par conséquent elle est le principe de la tenue des livres, la génération des idées doit être les différens degrés d'appréhension qu'on peut y remarquer. En effet, que plusieurs objets risquent d'être pris, les soins se porteront d'abord sur ceux qui paraissent le plus exposés.

Or, quels objets attirent premièrement l'attention ? Les sommes que le négociant doit, et celles qui lui sont dues. S'il fallait s'en rapporter à la mémoire, quelles contestations n'en résulterait-il pas ?

Après vient le numéraire qui, de tous les objets, est le plus facile à enlever. Les marchandises présentent le même inconvénient ; mais, sous ce rapport, elles ne donnent lieu qu'à des livres de magasin : ainsi, les premiers essais durent se borner à des comptes de correspondans, et à un compte de caisse, et c'est encore de nos jours à quoi se réduit la tenue des livres dite : *en partie simple.*

Le négociant, dégagé du souci de se rappeler ce qu'il devait et ce qui lui était dû, assuré que ce qui restait chaque jour dans sa caisse était bien ce qui devait y rester, dut naturellement reporter son attention sur les bénéfices qu'il espérait, et chercher à s'assurer s'il ne se trompait point dans son attente. Les ressemblances sont les premières choses qui nous frappent. Parmi les sommes notées, certaines étaient de pures pertes, telles que les frais ; d'autres de purs bénéfices, et la pensée put venir d'en faire la récapitulation : c'est à quoi j'attribue Profits et Pertes. Mais comment ne pas s'apercevoir que ce compte était insuffisant ; la comparaison de l'achat à la vente seule, met à même de connaître le gain ou la perte subie sur les marchandises, et c'est pour l'établir que, sans doute, on ouvrit Marchandises générales.

Chapitre premier, nous avons vu qu'on ne pouvait, en se servant de ces quatre comptes, manquer de découvrir qu'une égalité de sommes existe entre le doit et l'avoir. On put raisonner ainsi :

Si je ne débite et crédite les personnes que par les comptes de Caisse et de Marchandises générales, et que je sois sûr de l'exactitude de ces derniers par ce qui reste en caisse et en magasin, je serai également sûr, si l'égalité existe, de l'exactitude des comptes personnels. Je dis, *si l'égalité existe,* et remarquez que le besoin de la conserver, et de connaître d'une manière totale ce qu'il y avait à acquitter et à recouvrer, est ce qui doit avoir produit Effets à payer, Effets à recevoir (1). Tel est l'ordre dans lequel j'ai expliqué le Grand-Livre.

Mais quel désagrément n'éprouverait-on pas si, d'après une lettre qui porte des remises ou donne des avis de traites, on voulait passer les écritures directement aux comptes ? Pour rendre ce travail commode et faisable à volonté, le négociant dut donc enregistrer ses affaires premièrement sur un cahier ; et ce cahier, ou Journal, n'ayant été trouvé qu'après le Grand-Livre, ne doit être expliqué qu'après, bien que dans la pratique, il doive être fait avant : paradoxe qui renverse tout l'ordre suivi jusqu'à ce jour dans le développement de cette méthode, et motive les divers changemens que j'ai faits. Je sais bien, et on pourra me l'objecter, que les premières notes, selon toute apparence, ont d'abord été faites jour par jour sur un cahier ; mais ce cahier ne rendait compte de rien, il fallait classer les affaires, et le Grand-Livre dut se trouver. Le Grand-Livre trouvé, le Mémorial devenait inutile, et l'on dut s'en passer ; on ne dut donc y recourir que sur de nouveaux besoins, et ce qui me confirme dans cette idée, c'est que dans la partie simple, le Journal est presque inutile, je connais même des personnes qui ne s'en servent pas, et ne s'en trouvent point mal. Maintenant, que je me trompe, ou ne me trompe pas dans mes conjectures, le but de ce livre ne peut être de classer les affaires, puisque le Grand-Livre le fait, et d'une

---

(1) On ne peut savoir par quel motif on s'est servi du débit plutôt que du crédit, pour tel ou tel genre de somme. Cependant si l'on réfléchit que l'on ne commence pas une ligne par la droite, on sera porté à croire que le côté gauche a dû être employé aux premières sommes que l'on a eues à noter ; et cela me paraît confirmé par ce qui existe ; car les frais ou pertes ont précédé les bénéfices, et sont au débit de Profits et Pertes ; les ventes ou sommes reçues ont précédé les à-compte, et sont au débit des correspondans et de Caisse ; tandis que ces mêmes ventes, qui, lorsqu'on voulut les comparer aux achats, ne furent plus les premières choses à noter, sont au crédit de Marchandises générales.

manière bien préférable. D'ailleurs, si le Journal est autre chose qu'un travail préparatoire, si les articles n'y sont pas pour être portés aux comptes, pourquoi s'astreindre à un ordre, et si Maxime me fait une remise, pourquoi ne pas mettre :

J'ai reçu de Maxime, etc. ;

au moins, cette rédaction serait claire pour tout le monde, tandis qu'en mettant :

Effets à recevoir à Maxime ;

on n'est intelligible que pour les teneurs de livres et les négocians. Reconnaissons donc que le but du Journal est de présenter les affaires dans l'ordre le plus propre à en faciliter le rapport ; et, si cela n'avait pas échappé, on se serait probablement aperçu que les règles étaient insuffisantes. Dire, avec M. Dégrange, *que l'individu qui reçoit, ou le compte de l'objet qu'on reçoit, doit être débité ; et l'individu qui fournit, ou le compte de l'objet qu'on fournit, doit être crédité ;* ce n'est, pour me servir des expressions de Condillac, qu'une *essence seconde,* c'est-à-dire, que cela ne sert à expliquer qu'une partie du Journal, encore est-ce trop généralisé ; car si j'achète d'Anselme, contre écus, dix douzaines de basanes à 30 fr., je porterai, d'après cette règle :

Marchandises générales à Anselme ;

Anselme à Caisse ;

et cependant je ne dois porter que

Marchandises générales à Caisse.

Que dis-je? Il faudrait bien d'autres restrictions ; mais c'est une vérité dont on peut se convaincre en lisant les XIe et XIIe chapitres.

Je ferai remarquer ici qu'il serait inutile et même dangereux, en étudiant ce Traité, de s'occuper des écritures que les correspondans peuvent avoir à passer. *Inutile,* parce que *les correspondans étant de toute nécessité ou négocians ou banquiers, si l'on me suit dans ma supposition de banquier on apprendra en même temps ce que l'on a à faire comme correspondant. Dangereux,* parce qu'on se jetterait dans des questions qu'on serait porté à mal poser, et dont, par conséquent, on ne se tirerait pas avec facilité. En effet, les questions de ce genre doivent en général se renverser. Par exemple, moi, Courtet, banquier à Paris, j'intitule mon compte avec Francis : *Doit Francis, M | Cte. Avoir,* et Francis, à Nantes, intitule ce même compte : *Doit Courtet, S | Cte. Avoir.* Or, me demander comment Francis passe sur ses livres les écritures du compte que j'intitule *Francis, M | Cte,* c'est me demander comment je passe les écritures des comptes que j'appelle *son compte,* ou *leur compte,* et vous voyez que la réponse est toute faite chapitre IV. Mais, de prime abord, ce qui embrouille la question, est, que par la nature des choses, le compte que je tiens sur doubles colonnes est tenu par Francis sur simples colonnes ; que son débit sur mes livres se trouve au crédit sur les siens ; et son crédit sur mes livres, au débit sur les siens ; qu'enfin, tout ce que je porte dans les colonnes extérieures lui est entièrement inconnu.

Dans ce Cours de tenue de livres je me suis servi de très-peu de comptes, parce que, dès qu'on sait passer les écritures pour un correspondant, on sait les passer pour vingt ou trente, n'importe le nombre. Il me suffisait donc d'analyser le peu d'écritures qui résultent d'opérations faites entre un négociant et quelques personnes, et c'est ce que j'ai essayé de faire le mieux qu'il m'a été possible. Excepté les comptes à tiers et à quart, sur trois, sur quatre colonnes, etc., on trouvera des modèles pour tous les comptes dont on pourra avoir besoin. Enfin, j'ai cru ce chapitre utile, tant pour justifier les changemens que je me suis permis de faire, que pour rendre l'ensemble du système plus sensible. J'ai pensé qu'en exposant les motifs qui m'ont déterminé, je convaincrai davantage si j'ai raison, et que si j'ai tort, je ne courrai pas le risque d'induire en erreur, puisque je montrerai en même temps l'endroit par où je faiblis.

MODÈLE

DE COMPTE COURANT

AVEC INTÉRÊTS.

EXPLICATION.

Je suppose que je m'appelle Félix Anselme, que je réside à Paris, et que je veux envoyer à mon correspondant, Jules Valentin de Nantes, son compte arrêté au 30 septembre 1816, intérêt à 6 %; je dis arrêté au 30 septembre, et par-là j'entends que le solde qui sera dû ou par moi ou par Valentin, ne sera dû ou *échu*, ce qui est ici la même chose, qu'à cette époque. Si, d'après mes livres, Valentin est débiteur, pour solde du dernier compte que je lui ai envoyé, de 3,000 fr., valeur au 30 juin, je porterai . . . .

Cette somme, comme vous voyez, m'est due le 30 juin; or, le solde de ce compte, dont ces 3,000 fr. feront partie, n'étant plus exigible que le 30 septembre, il faut que je recule jusqu'à cette époque l'échéance de ces 3,000 fr. Du 30 juin au 30 septembre il y a 92 jours : 3,000 fr., pour 92 jours à 6 %, donnent 46 f., je porte donc . . et la somme qui résulte de ces deux-là, c'est-à-dire, les 3,046 f. ne sont plus exigibles que fin de septembre, d'où nous tirerons cette règle : *qu'il suffit d'ajouter les intérêts à une somme pour en reculer l'échéance.*

Nota. Je mets les 46 fr. à part, pour les additionner avec d'autres intérêts de même nature, et ne porter qu'un total dans la colonne des sommes.

Si, le 4 juillet, j'ai reçu de Valentin avis d'une traite de 1,000 fr., O/Simon, payable 31 août, je porterai . . . . . Du 31 août au 30 septembre il y a 30 jours : 1,000 fr., pour 30 jours à 6 %, donnent 5 fr., j'ajoute donc . . . . .

Si, le 15 août, j'ai remis à Valentin une facture s'élevant à 4,000 fr., valeur 20 octobre . . . . ici il faut avancer l'échéance, puisqu'elle dépasse l'époque où le compte est fixé. Or, du 30 septembre au 20 octobre, il y a 20 jours : 4,000 fr., pour 20 jours à 6 %, donnent 13 fr. 33 c., je porte donc . . . . mais en chiffres bâtonnés, car ces 13 fr. 33 c. sont à déduire des 4,000 f., et non pas à ajouter. Nous tirerons donc cette autre règle : *qu'il suffit de retrancher des intérêts d'une somme pour en avancer l'échéance.*

Nota. Dans la pratique, on met en rouge les sommes que je mets ici bâtonnées.

Si, le 16 août, j'ai reçu de Valentin deux effets S/Paris au 31, l'un de 1,000 fr. l'autre de 2,000 f., je porterai . . . Du 31 août au 30 septembre il y a 30 jours : 3,000 fr. pour 30 jours à 6 %, donnent 15 fr., j'ajoute donc. . . . .

Si, le 4 septembre, j'ai remis à Valentin un Cte de vente s'élevant à 2,000 fr., val^r 30 novembre, je porterai . . ici l'échéance est à avancer. Or, du 30 septembre au 30 novembre il y a 61 jours : 2,000 fr., pour 61 jours à 6 %, donnent 20 fr. 33 c., je porte donc en chiffres bâtonnés . . . .

Soldons ce compte.

Vous savez que les intérêts bâtonnés sont à retrancher et les autres à ajouter; mais retrancher au crédit les 20 f. 33 c. des 2,000 f., ou bien les comprendre parmi les intérêts à ajouter au débit, c'est la même chose, puisque dans l'un et l'autre cas, le crédit de Valentin ne sera toujours diminué que de 20 fr. 33 c., je porte donc . . . . . de même retrancher au débit les 13 fr. 33 c. bâtonnés des 4,000 fr., ou bien les comprendre parmi les intérêts à ajouter au crédit cela revient au même, j'écris donc . . . .

A la place de ces deux sommes . . . . 20 f. 33 c. au débit,
13   33   au crédit,

j'aurais pu n'en porter qu'une au débit, c'est-à-dire, ne porter que la différence   7   » , c'est ce que l'on fait ordinairement. Additionnons . . . .

Vous remarquez que dans les additions des intérêts ne sont pas comprises les sommes bâtonnées, qui, comme vous le savez, étaient à déduire et non pas à ajouter;

mais ajouter les 71 fr. 33 c. au total du débit 8,000 fr., c'est le porter valeur au 30 septembre; de même ajouter les 28   33   au total du crédit 5,000 fr., c'est le porter valeur au 30 septembre; cependant augmenter le débit de . . . . 71 f. 33 c.
et le crédit de 28   33

c'est en résultat n'augmenter le débit que de la différence . . . 43   »

Après avoir ajouté ces 43 fr. aux intérêts du crédit pour en solder les colonnes . . . . nous mettrons donc au débit dans la colonne des sommes. . . . . et par-là, nous porterons le débit et le crédit du compte valeur 30 septembre.

Nota. Si *la balance des intérêts* était au débit, les intérêts seraient en faveur de Valentin, et par conséquent je les porterais au crédit.

Si j'avais à prélever une commission de ½ % sur les paiemens, je porterais . . . . si j'avais payé pour 8 fr. de ports de lettres . . . . Maintenant, n'ayant plus d'article à passer, je tire la différence du débit au crédit, et je l'ajoute au côté le plus faible. . . .

J'additionne. . . . .

et rapporte le solde à nouveau, valeur 30 septembre. . . . . Je dis val^r 30 sept., et cela est sensible; car, au moyen des intérêts, toutes les échéances qui étaient en-deçà nous les avons reculées; toutes celles qui étaient au-delà, nous les avons avancées. En effet, pour que le solde (différence du débit au crédit) fût échu le 30 septembre, il fallait bien que toutes les échéances des sommes qui composent le compte, fussent portées à cette époque.

Doit M.r J.n Valentin, à Nantes, S/C.te cour.t et d'intérêt à 6 %, chez F. Anselme, à Paris, fixé au 30 sept. 1816. Avoir

Doit

DATES	PRÉCIS	SOMMES	Époques d'où partent les intérêts	Nombre de jours	Intérêts
1816. Juin. 30	solde du compte précéd.t	3,000 »	Juin. 30	92	46 »
Juill. 4	S/T.te O/Simon . .	1,000 »	Août. 31	30	5 »
Août. 15	M/F.re de ce jour . .	4,000 »	Oct. 20	20	13 33
Sept. 30	intérêts dépassant l'époque au crédit. .				20 33
	. . . . . (1)	8,000 »	. . (2)	71	33
	intérêts en ma faveur à 6 %	43 »			
	comm.on à 1/2 % sur 3,000 f.	5 »			
	ports de lettres . . .	8 »			
	. . . . . . F.	8,056 »	. . . F.	71	33
Sept. 30	solde du C.te ci-dessus .	3,056 »	Sept. 30		

Avoir

DATES	PRÉCIS	SOMMES	Époques d'où partent les intérêts	Nombre de jours	Intérêts
Août. 16	S/R.on sur Paris, 1,000 f. / id. 2,000	3,000 »	1816. Août. 31	30	15 »
Sept. 4	mon compte de vente.	2,000 »	Nov. 30	61	20 33
30	intérêts dépassant l'époque au débit. . .				13 33
	. . . . . . (3)	5,600 »	. . (4)	28	33
	balance des intérêts .				43 »
	p.r solde débit.t à nouv. .	3,056 »	Sept. 30		
	. . . . . . F.	8,056 »	. . F.	71	33

(1, 2, 3 et 4) Ces quatre additions, de même que les titres des colonnes, ne sont ici que pour faciliter les explications.

Observations relatives aux intérêts.

Il y a plusieurs manières de calculer les intérêts ; mais je ne puis m'occuper que de celle qui ne m'écarte pas de mon sujet.

L'année commerciale se compte pour 360 jours. 6 $\frac{o}{o}$ par an, c'est 6 $\frac{o}{o}$ à prendre sur une somme due depuis 360 jours. Mais une somme n'est pas toujours due pour l'année entière ; elle est due tantôt pour 50 jours, tantôt pour 60, etc. ; de plus, l'intérêt étant en raison de la somme et du nombre de jours, 3,000 fr., par exemple, pour 3 jours, donneront le même intérêt que 9,000 fr. pour un jour. En effet, si dans le dernier cas la somme est triplée, les jours étant diminués dans la même proportion, le résultat ne peut être changé ; mais les 9,000 fr. sont, comme vous voyez, le produit des 3,000 fr. multipliés par le nombre de jours 3. En multipliant la somme par les jours, on obtient donc *une autre somme dont l'intérêt est dû pour un jour.* Or, si l'on me donne 6 $\frac{o}{o}$ pour 360 jours, j'aurai pour un jour *un* 60ᵉ $\frac{o}{o}$, car cette règle de trois ; 6 $\frac{o}{o}$: 360 :: 1 : x, se réduit à diviser 360 par 6 $\frac{o}{o}$, ou $\frac{6}{100}$ (1) ; mais prendre 1 $\frac{o}{o}$ ou diviser par 100 ; prendre un 60ᵉ $\frac{o}{o}$ ou diviser par 6,000, c'est la même chose. Je divise donc les 9,000 en question par 6,000, et j'ai 1 fr. 50 c. C'est ainsi qu'en multipliant les 3,000 fr. (article du 30 juin, dans le compte porté d'autre part), par 92, nombre de jours, j'ai eu 276,000 ; et qu'en divisant ce produit par 6,000, j'ai trouvé 46 f. Ici, je ferai observer qu'à la place de ces 46 f., j'aurais pu mettre le produit 276,000, et remplacer ainsi par des nombres toutes les sommes d'intérêts ; mais alors, au lieu d'avoir à diviser chaque produit par 6,000, je n'aurais eu à diviser que la balance des nombres du débit au crédit, ce qui diminue le travail. Voici les petits changemens qui seraient résultés de cette manière de calculer les intérêts qu'on appelle *par nombres.* Au lieu de mettre au débit, *intérêts dépassant l'époque au crédit,* j'aurais mis, *nombres rouges du crédit ;* et au crédit, *nombres rouges du débit,* à la place de, *intérêts dépassant l'époque au débit ;* ou, plus simplement au débit, *balance des nombres rouges ;* enfin, j'aurais remplacé *balance des intérêts* par *balance des nombres ;* et, si cette balance eût été de 258,000, j'aurais ajouté à *intérêts en ma faveur,* 258,000 divisés par 6,000.

Souvent on retranche aux produits des multiplications les deux derniers chiffres à droite ; par exemple, au lieu de mettre 276,000, on met 2,760. Alors on ne divise plus la balance des nombres que par 60.

---

(1) Pour diviser cet entier 360 par la fraction $\frac{6}{100}$, je renverse la fraction qui devient $\frac{100}{6}$; je multiplie l'entier 360 par 100, numérateur de la nouvelle fraction, et j'ai 36,000 ; je conserve à ce produit le dénominateur de la fraction renversée 6, et j'ai la nouvelle fraction $\frac{36000}{6}$, ou 6,000 entiers, quotient de 360 divisé par $\frac{6}{100}$. Mais, puisqu'il n'y a dans ce calcul que le taux de l'intérêt qui puisse varier, et que les 36,000 ont été divisés par ce taux 6 ; pour avoir le diviseur de l'intérêt à 5 $\frac{o}{o}$, nous diviserons 36,000 par 5 ; pour avoir le diviseur de l'intérêt à 4 $\frac{o}{o}$, nous diviserons 36,000 par 4 ; etc.